变电二次运检安全防范技术

主　编　潘巍巍　崔建业
副主编　钱　肖　刘乃杰　李有春

中国水利水电出版社
www.waterpub.com.cn
·北京·

内 容 提 要

本书结合电力生产实际，归纳总结二次运检相关典型案例与工作经验。全书共分为6章，包括变电二次设备分类及安全防范思路、自动化系统安全防范技术、电力监控系统安全防范技术、整定通知单安全防范技术、常规变电站保护设备安全防范技术和智能变电站保护设备安全防范技术等内容。

本书既可作为从事变电站运行二次设备管理、检修调试、设计施工等相关人员的专业参考书和培训教材，也可作为高等院校相关专业师生的教学参考书。

图书在版编目（CIP）数据

变电二次运检安全防范技术 / 潘巍巍，崔建业主编. -- 北京 : 中国水利水电出版社，2019.9
ISBN 978-7-5170-8067-1

Ⅰ. ①变… Ⅱ. ①潘… ②崔… Ⅲ. ①变电所一二次系统一检修 Ⅳ. ①TM63

中国版本图书馆CIP数据核字(2019)第217438号

书　　名	**变电二次运检安全防范技术** BIANDIAN ERCI YUNJIAN ANQUAN FANGFAN JISHU
作　　者	主　编　潘巍巍　崔建业 副主编　钱　肖　刘乃杰　李有春
出版发行	中国水利水电出版社 （北京市海淀区玉渊潭南路1号D座　100038） 网址：www.waterpub.com.cn E-mail：sales@waterpub.com.cn 电话：（010）68367658（营销中心）
经　　售	北京科水图书销售中心（零售） 电话：（010）88383994、63202643、68545874 全国各地新华书店和相关出版物销售网点
排　　版	中国水利水电出版社微机排版中心
印　　刷	清淞永业（天津）印刷有限公司
规　　格	184mm×260mm　16开本　10.75印张　262千字
版　　次	2019年9月第1版　2019年9月第1次印刷
印　　数	0001—4500册
定　　价	**48.00**元

本书编委会

本书主编 潘巍巍　崔建业

本书副主编 钱　肖　刘乃杰　李有春

参编人员 徐奇锋　何明锋　江应沪　黄　健　徐军岳
季克勤　杜浩良　刘　畅　吴雪峰　金慧波
李大立　朱国平　左　晨　郑晓明　刘建敏
陈　昊　潘仲达　楼　坚　王利波　潘　登
刘洁波　张振兴　华子钧　雷骏昊　徐　峰
刘　栋　李跃辉　郑　燃　张一航　吴乐军
叶　玮　杨运有　吴　珣　梅　杰　单　鑫
徐俊明

前言

电网中的二次运检安全防范系统是一个庞大而又复杂的系统，它主要由继电保护设备、综合自动化设备和网络安全设备等众多二次设备组成。随着我国对电力生产安全重视程度的日益提高，做好安全生产成为保证社会生产和人们生活正常进行的关键所在。电力运维检修工作的实施是保证建立生产安全的关键所在，也是改善电力设备安全运行的有效措施。在实施电力检修工作时，需要采用二次安全防范综合措施，提高电力检修工作效率以及总体的业务水平，从而促进电力企业的可持续发展以及业务范围的拓展。二次运检安全防范技术的应用，主要是通过归纳相关典型案例来总结二次运检工作中的相关工作流程与工作经验，向二次运检人员提供全方位的指导，进而能够及时发现电力系统管理与检修工作中的一些隐蔽问题，明确二次运检工作中的危险点，供现场检修人员参考，在提高检修效率的同时，也能够减少电力生产安全事故的发生，从而有效保证电力系统运行的稳定性。但是在实际工作中，由于电力检修人员自身专业水平的限制，工作经验的缺乏等原因，不能够准确判断电力系统运行问题，不能很好地应对某些较为复杂的情况。综合我国当前电力企业电力检修情况来看，电力检修二次运检安全防范综合措施的落实还不够深入，仍然存在诸多问题。此外二次运检安全防范工作人员存在年龄偏小、工作经验不足的问题，二次运检安全防范技术体系的建立刻不容缓。

本书结合电力生产实际，归纳总结二次运检安全防范技术中的专业知识、工作经验，提供相关典型案例，旨在明确二次运检工作中的危险点以及可能存在的隐蔽问题，在提高二次运检工作效率的同时，降低安全事故发生的可能性，保证电网稳定可靠运行。

由于二次运检情况受地域、厂家、系统结构等因素影响存在一定区别，受限于编者水平，本书存在缺漏在所难免，欢迎指正。

编者

2019年7月

目录

第5章　常规变电站保护设备安全防范技术

第6章　智能变电站保护设备安全防范技术

参考文献

第1章

变电二次设备分类及安全防范思路

电力二次设备指的是对电力系统内一次设备进行监察、测量、控制、保护、调节的辅助设备。变电站内的二次设备主要包括综合自动化系统、网络安全设备、继电保护设备等。

1.1 综合自动化系统

1.1.1 综合自动化系统的概念及功能

随着微电子技术、计算机技术和通信技术的迅猛发展，计算机在电力系统自动化中得到了广泛的应用。变电站综合自动化技术利用先进的计算机技术、现代电子技术、通信技术和信号处理技术对变电站的二次设备的功能进行组合和优化设计，对变电站的主要设备和输、配电线路的运行情况进行监视、测量、自动控制和微机保护，以及实现与调度间的通信等的综合性自动化功能。变电站综合自动化系统，即由多台微型计算机和大规模集成电路组成的自动化系统，可以收集到所需的各种数据和信息，利用计算机的高速计算能力和逻辑判断能力，监视和控制变电站的各种设备。综合自动化系统拓扑结构如图1-1所示。

变电站综合自动化系统把原变电站内的保护及安全自动装置等功能囊括其中，包括变电站设备及其馈线的控制、监测和保护等。

除此之外，还有以下功能：

(1) 远动功能，遥信、遥控、遥调、遥测等传统的“四遥”。

(2) 计量功能。

(3) 继电保护功能。

(4) 接口功能，其他系统的接口，如变电站内空调、计算机防误码和GPS等。

(5) 系统功能，如本地监控、调度通信等功能。

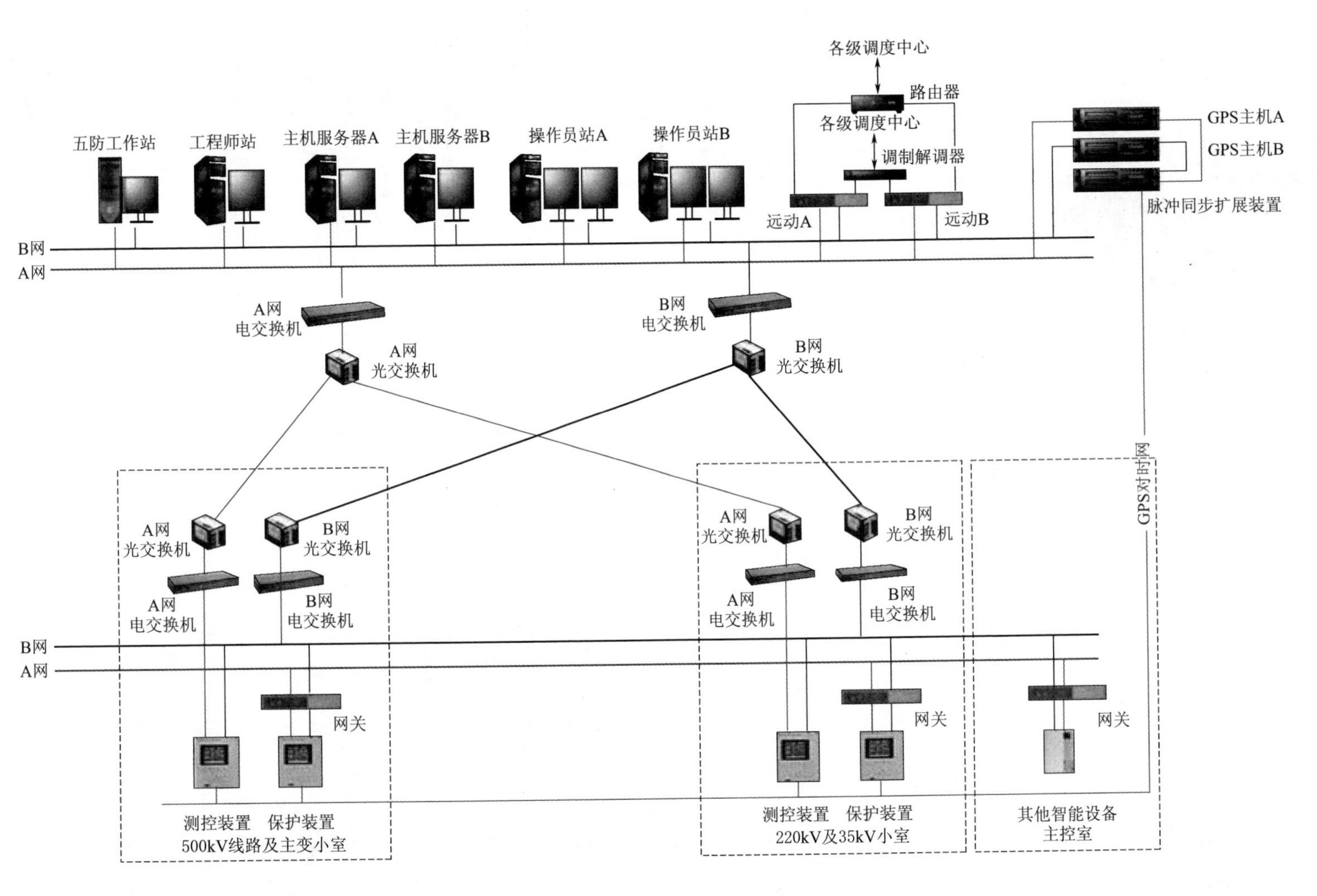

图1-1 综合自动化系统拓扑结构

变电站综合自动化系统的基本功能，从不同的角度有不同的描述。从变电站运行要求的角度，可归纳为监控子系统功能与通信子系统功能。

监控子系统对变电站一次系统的运行进行监视与控制，具有数据采集与处理、运行监视、故障录波与测距、事故顺序记录与事故追忆、操作控制、安全监视、人机联系、打印、数据处理与记录、谐波分析与监视等功能。

通信管理子系统功能包括各子系统内部的信息管理、通信控制器对其他公司产品的信息管理、综合自动化系统与上级调度的远动通信等。

1.1.2 综合自动化系统的重要性

变电站综合自动化系统是电力系统中不可缺少的重要环节，它担负着电能转换和电能重新分配的繁重任务，对电网的安全和经济运行起着举足轻重的作用。尤其随着大容量发电机组的不断投运，超高压远距离输电和大电网的出现，电力系统的安全控制更加复杂，如果仍依靠原来的人工抄表、记录和人工操作，依靠原来变电站的旧设备而不进行技术改造的话，必然不能满足现代电力系统安全、稳定运行的需要，更谈不上适应现代电力系统管理模式的要求。

由于传统的变电站无法满足电力系统安全、稳定和经济、优化运行的要求，应采用先进技术武装变电站：对老式的变电站，逐步进行技术改造；对于新建的变电站，要尽量采用先进的技术，提高变电站的自动化水平，增加“四遥”功能，逐步实现无人值班和调度自动化。

变电站实现综合自动化的优越性主要体现在以下方面：

(1) 提高电质量，提高电压合格率。由于变电站综合自动化系统具有电压、无功自动控制功能，故对于具备有载调压器和无功补偿电容器的变电站，可以大大提高其电压合格率，使无功潮流合理，降低网损，减少电能损耗。

(2) 提高变电站的安全、可靠运行水平。变电站综合自动化系统中的各种子系统大多具有故障诊断功能。除了微机继电保护能迅速发现被保护对象的故障并排除故障外，有的自动控制装置还可以实现资源共享和信息共享。

(3) 提高电力系统的运行管理水平。变电站实现综合自动化后，监视、测量、记录等工作都由计算机自动进行，既提高了测量的精确度，又避免了人为的主观干预，运行人员通过观看 CRT 屏幕便可掌握变电站主要设备和各输、配电线路的运行工况和运行参数。变电站综合自动化系统可以收集众多的数据和信号，利用计算机的高速计算和逻辑判断能力，及时将综合结果反馈给值班人员并送往调度中心，各种实时数据与历史数据可以在计算机上随时查阅，各种操作都按时间顺序记录，调度员不仅能及时掌握各变电站的运行情况，还可对其进行必要的远距离调节和控制，大大提高了运行管理水平。

(4) 缩小占地面积，降低造价。由于硬件电路多数采用大规模集成电路，结构紧凑、体积小、功能强，与常规的二次设备相比，可以大大缩小变电站的占地面积，而且随着综合自动化系统的造价的逐渐降低，变电站的总投资将逐步降低。

(5) 为变电站实现无人值班提供了可靠的技术条件。采用常规的二次设备，即使没有实现自动化，只要有RTU远动设备，就可以实现无人值班，但主站得到的设备数据并不完整，可靠性、快速性、准确性均存在一定不足，还有部分设备无法单独通过RTU通信，使得值班员依旧需要定期前往变电站巡查、抄表、记录，实际上是实现了少人值班，而非真正意义的无人值班。变电站综合自动化系统可以实现对变电站全设备的监视和控制，实时上送遥测、遥信数据以及稳定可靠的下行遥控，可实现完全无人值班。变电站综合自动化系统的应用提高了无人值班变电站运行的可靠性和技术水平。

1.1.3 综合自动化系统的分类

变电站综合自动化系统承担着实时、准实时控制业务及管理信息业务。厂站端每秒都要向系统上传实时的遥测、遥信数据；同时主站端也向厂站发送遥控、遥调、校时命令等控制信号。这些数据信号与电网安全直接相关。在变电站的运检过程中，厂站和系统之间一旦出现安全误发信号，误发数据，就有可能导致一次系统的振荡和大范围停电事故，造成极大的经济损失。因此综合自动化系统的安全可靠性至关重要。

综合自动化系统涉及设备较多、较杂，且各种设备之间差异较大，不同的系统结构又分别采用不同的自动化设备，但却需要采用计算机互联网技术和远程智能控制技术对综合自动化系统进行建设并构建所有的功能。按照不同的综合自动化系统结构模式，可以将变电站综合自动化系统分为集中式、分布式和分层分布式结构三类。

1. 集中式变电站综合自动化系统

这种类型的系统要求搭配性能较好的计算机，如，有很强的综合能力且接口可以扩展。通过计算机收集和计算信号，从而进行监控等操作。变电站主控室中有监控主机，而且监控主机会单独设置数据采集和保护模式，方便发出命令。在大多数的集中式变电站综合自动化系统中，监控主机既要承担数据的采集和处理、人机联系等基础任务，还要进行保护类的工作，功能多样化。典型的集中式变电站综合自动化系统结构如图1-2所示。

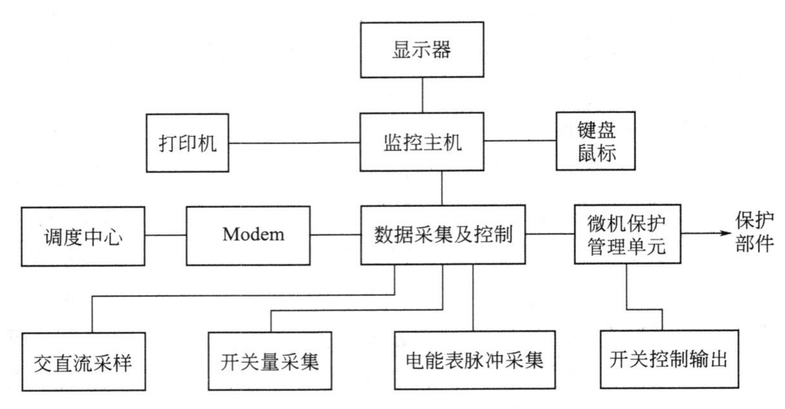

图1-2 典型集中式变电站综合自动化系统结构

集中式变电站综合自动化系统有以下优点：

（1）可以实现变电站的设备或线路等保护功能。

（2）实用性较高。

（3）结构紧凑、成本低，并且体积小、占地面积少。

（4）采集各种数据信息并且对变电站进行实时监控。

同时，该系统有以下缺点：

（1）在软件的设计过程中需要实现非常复杂的工程，并且缺乏灵活性。不同的变电站还要设计不同的软件，不具有同一性，因此需要浪费大量的工作。

（2）单台计算机的功能较集中，为了保证系统的可靠性，采用双机并联运行的结构。

（3）过分依赖监控主机完成太多的任务，导致系统没有办法进一步优化，要求监控主机具备良好的性能，当故障发生在监控主机上时，信息将无法采集，所以功能无法实现。

（4）与常规保护相比较，不具备很强的主观性，并且维护的成本很高。

2. 分布式变电站综合自动化系统结构

“分布”是按变电站资源找专业的计算机角度来分析的资源上的物理同步，其特点是多台计算机分散地执行变电站综合自动化系统的功能。这种结构模式以功能设计为基础，采用特殊的工作方式，提高了处理器的处理能力，尤其是多个事件同时发生的时候，这种优势更加明显，CPU运算处理的瓶颈问题得到了很好的解决。数据传输的瓶颈问题通过选用具有优先级的网络系统得到解决，使系统的实时性得到提高。集中组屏和分层组屏是分布式结构的两种安装方式。在分布式结构中，当局部出现故障时不影响其他模块正常运行，系统扩展和维护变得方便，常用于中低压变电站。

3. 分布分散（层）式变电站综合自动化系统

这种系统结构按照逻辑上的区别，可以将变电站自动化系统一分为二，形成两层，分别是间隔层和变电站层。这种系统结构的一个或几个智能化的测控单元就可以完成所有的基础功能，让变电站的功能实现多样化。

现代变电站综合自动化技术发展的趋势就是分布分散式结构，在减少了系统中的连接电缆的数量的同时也减少了电磁干扰，从而降低了电缆能传输信号的干扰，通过这种方式提高了系统的可靠性，不会出现局部设备发生故障而影响整个系统的情况。

变电站综合自动化系统监控配置图如图1-3所示。

（1）变电站层。该层的主要功能是监控工作和信息保护工作，主要有以下内容：

1）监视系统，实时监测站内运行设备运行情况，将运行状态及异常信息提供给站控系统。

2）工程师站，对站内设备运行状态检查、参数整定、调试校验等功能进行就地及远端维护，可根据功能及信息特征在一台站控计算机上实现，也可以两台互为备用，实现数据共享和多任务实时处理。

3）站控系统，具有快速信息响应能力及相应的信息分析处理能力，完成站内运行管理及控制，例如事件记录、断路器/隔离开关控制及SCADA数据采集功能。

（2）间隔层。该层的作用是负责变电站的基础测量和保护工作，同时还可以搜集某些信息，并且对这些信息进行处理。即使主站的控制效果没有了，也可以完成自身的绝大部分工作，具有很强的独立性。间隔层的配置方式会根据具体的情况而定，一般情况下，下面放置功能强大的结构，依次开展。虽然间隔层的作用非常强大，可实现多种综合性的功能，但是每个组分之间又是相互独立的，可以独立地发挥作用，通过监控主机的网络进行连接管理。

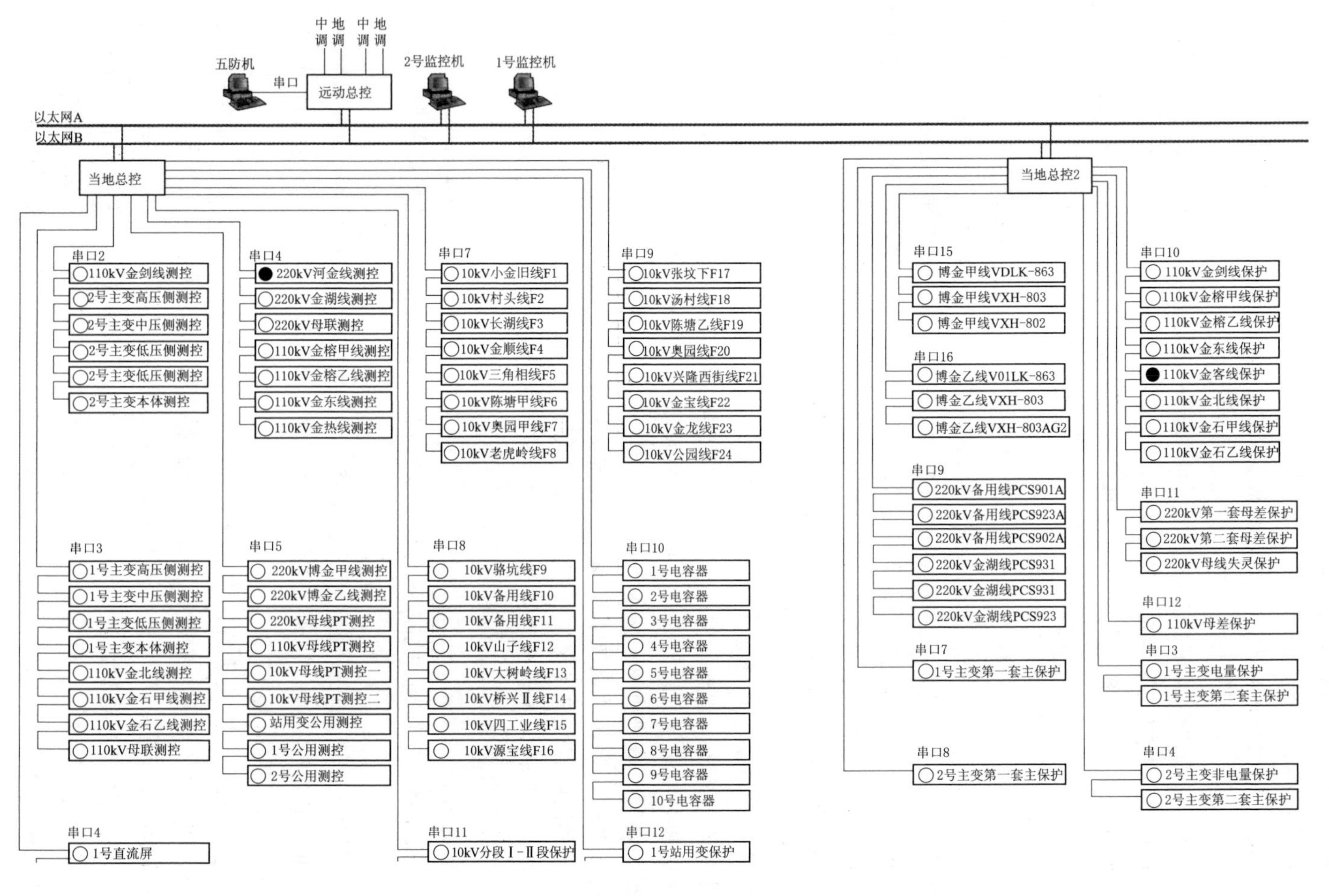

图1-3 变电站综合自动化系统监控配置图

分布分散式电站自动化系统有以下优点：

（1）信号报警装置被软件逻辑设计取代，提高了系统的扩展性和开放性，有利于工程设计及应用。

（2）包含间隔级功能的单元直接固定在变电站的间隔上。

（3）系统的可靠性很高，在遵循共享相关数据信息、减少硬件重复配置的原则下，实现了相对独立的继电保护和一定程度的冗余，当任一部分设备发生故障时只有局部受到影响。当站级系统或网络发生故障时，只影响监控部分，而保护、控制功能则能在间隔层继续运行，间隔层任何一智能单元出现故障时全站的通信不会因此中断。

（4）投资成本降低，系统调试维护工作量变小，变电站综合自动化系统的配置相对简单，减小了控制室的面积。

（5）自动化、标准化的间隔级控制单元使系统的使用率更高。

（6）二次设备之间的连接线较少，连接电缆的数量减少，有效地控制了电磁干扰。

由于分布分散式自动化系统优势较为明显且为当前主流综合自动化系统结构，因此该类系统内各层设备的安全防范措施应该是关注的重点。

1.2 电力监控系统安全设备

1.2.1 电力监控系统安全设备的概念及功能

网络安全是指网络系统的硬件、软件及其系统中的数据受到保护，不因偶然的或者恶意的原因而遭到破坏、更改、泄露，系统连续、可靠、正常地运行，网络服务不中断。网络安全的主要特性如下：

（1）保密性，信息不泄露给非授权用户、实体，或供其利用的特性。

（2）完整性，信息未经授权不能被改变的特性。

（3）可用性，被授权用户或实体可按需求使用信息。

（4）可控性，信息内容或者传输能够被控制的特性。

（5）可审查性，出现网络安全问题后能提供依据和手段。

在数据网络中完成数据传输的同时提供网络安全保障的设备称为网络安全设备。

1.2.2 电力监控系统安全设备的重要性

随着计算机技术在电力市场中的应用越来越广泛，对网络信息安全系统的依赖程度也在不断加大。电力系统信息网络具有国际性、自由性和开放性的特点，这在提升网络运行速率的同时也增大了网络的安全隐患。作为支撑国家经济发展的基础性产业，电力行业掌握着国家的经济命脉，其安全问题的严重程度也在不断增长。另外，在信息系统的应用中存在各种漏洞和“后门”，严重影响信息系统的正常使用，影响电力系统的正常运行和供电质量，因此确保其信息网络安全非常重要。

在国家的大力支持与推动下，我国智能电网建设速度不断加快，建设规模不断扩大，加强信息网络安全防护显得尤为必要。从整体上看，电力系统信息网络安全问题主要来自以下方面：

（1）网络病毒。网络病毒是电力系统信息网络安全中最常见的安全隐患。网络病毒具有可复制性、隐蔽性和传播速度快的特点，对电力系统信息网络具有很强的破坏性。网络病毒可能导致重要信息丢失、被篡改，甚至造成信息网络的瘫痪，影响数据的正常传输与共享，数据资料的丢失会影响电力系统功能的正常发挥，给社会经济带来无法估量的损失。网络病毒对电力设备的破坏性也很大，在实际工作中因为感染了病毒造成设备故障的案例有很多，增加了电力设备维修和重置的费用，给电力企业造成了经济损失。

（2）恶意攻击。恶意攻击的实施者是黑客，他们在计算机网络世界中利用自身掌握的技术从事违法行为。电力系统遭受恶意攻击后，信息网络安全就会遭到破坏，造成大范围停电事故。此外，电力系统信息网络中还保存着大量信息资源，如果黑客窃取这些信息资源，将会给电力企业造成巨大损失。

（3）不可抗力因素。不可抗力因素有地震、海啸、雷电等，由于电力系统信息网络以计算机为载体，其自身属于弱电系统，容易受到各种不可抗力的影响，而不可抗力会影响电力系统信息网络安全，对其造成极大的破坏。

综上所述，必须结合实际情况，采取合理可行的安全防护措施，确保电力系统信息网络安全运行。

1.2.3 电力监控系统的安全防范思路

电力监控系统的安全防范工作有别于常见的信息系统安全防范，它具有运行环境相对封闭、系统运行稳定性和实时性要求高的特性，结合电力监控系统的运行特性和复杂、严格的安全需求，国家电网有限公司（以下简称“国网公司”）提出了“安全分区、专网专用、横向隔离、纵向加密”十六字总体安全方针，从电力监控系统的机密性、完整性和可用性实现了对电力监控系统的全方位保护。结合电力监控系统的特性与所面临的安全风险，形成了独有的适合电力监控系统安全防范工作的安全防护原则。

（1）分区分级、重点防护的原则。根据电力监控系统的业务特性和业务模块的重要程度，遵循国家信息安全等级保护的要求，准确划分安全等级，合理划分安全区域，集中企业内的优势力量，重点保护生产控制系统核心业务。

（2）网络专用、边界坚强的原则。电力监控系统采用了专用的局域网络（LAN）和广域网络（WAN），与外部因特网和企业管理信息网络相隔离；在与本级其他业务系统相连的横向边界，以及上下级电力监控系统相连的纵向边界，部署了高强度的网络安全防范设施。

（3）安全防范融入业务的原则。电力监控系统的网络安全防范工作融入到系统的采集、传输、控制等各个环节和各业务模块，避免安全防范设施影响电力监控系统的实时性和可靠性。

（4）管理技术并重的原则。国际标准化组织对信息安全的定义是“在技术和管理上为数据处理系统建立的安全保护”。在这方面，国网公司对电力监控系统的安全防范采用技术措施与管理措施相结合的方式，即技术措施的执行通过管理措施来进行落实。对系统内全部设备、全生命周期、全人员等方面进行了全方位的安全管理，对于局部性技术安全措施难以实施的安全隐患，国网公司通过对安全管理措施进行强化等措施来降低系统内的安全风险。

（5）建立体系、夯实基础的原则。电力监控系统网络安全防范的重点在于建立安全防范体系，现代安全技术中，单项的安全措施具有技术上的局限性，因此，国网公司对电力监控系统网络的安全防范工作进行了顶层设计，建立安全技术、安全管理、安全应急等措施相互支撑的体系。围绕公钥技术、数字证书、安全标签、可信计算等网络安全技术来打造网络安全防范体系的基础框架。

（6）分步实施、持续改进的原则。安全防范工作的开展不是一朝一夕的事情，建立完善的电力监控系统网络安全防范体系更是一个长期过程。对于在运系统，国网公司采取了分步实施、不断完善的建设策略，逐步实现电力监控系统的本体安全和安全免疫。随着网络攻击技术与安全防范技术的不断发展，电力监控系统安全防范体系也在不断的发展和完善。

（7）安全高于效益（安全第一、兼顾效益）的原则。《中华人民共和国网络安全法》中规定电力行业属于关键基础设施运营者，电力监控系统的安全稳定涉及国家安全、社会稳定和国民经济命脉，在电力监控系统的安全防范工作中，国网公司在确保生产安全的前提下，采取实现经济效益最大化的管理策略。

（8）安全性与便捷性相平衡的原则。一直以来，安全性和便捷性都是难以权衡的难题，在电力监控系统网络安全防范体系设计和实施中，公司兼顾了不同安全防范级别系统中的安全性和便捷性。在生产控制系统中以安全性为主，兼顾便捷性，严禁出现安全隐患；在管理信息系统中则以便捷性为主，兼顾安全性，尽量做到保证工作便捷性的同时对安全风险进行一定的控制。

1.3 继电保护设备

1.3.1 继电保护的概念及功能

继电保护是由继电保护技术和继电保护装置组成的系统工程，能够反映系统故障或不正常运行，并且作用于断路器跳闸或发出信号的自动装置。其主要任务是：在电力系统正常运行状态，继电保护监视用电环节和线路的正常运行；当电力系统出现不正常运行方式时（轻微故障，如单相接地、过负荷、轻瓦斯动作、温度升高等），继电保护可靠动作，发出预警信号。

继电保护自诞生之日起就是为电力系统服务的，并一直随着电力系统的发展不断进步，图 1-4 展示了继电保护的发展历程。在电力系统发展的早期，对继电保护的要求也很简单，只要能切断故

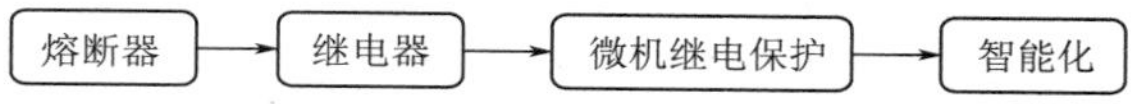

熔断器 → 继电器 → 微机继电保护 → 智能化

图 1-4 继电保护发展历程

障电流即可。后来电力系统发展得越来越复杂，输电线路越来越多，并网的发电机也越来越多，仅仅切断故障电流已经不能满足电力系统的要求，在这种情况下，出现了对继电保护选择性的要求。随着电力系统从低压至高压、超高压、特高压的发展，发电机单机容量的不断增加，以及不断进步、优化的系统接线方式，其对继电保护的要求越来越高。从初期的熔断器到继电器，并最终发展到现代复杂的微机继电保护，通过新技术和新原理的不断采用，减少了误动作和拒动作的概率，继电保护装置的安全性、可靠性、选择性和速动性不断提高。根据电力系统发展的需要，不断地从飞速发展的电子技术、计算机技术、自动控制与通信技术等相关学科中吸取最新成果而更新和完善自身。未来继电保护的发展趋势是计算机化，网络化，保护、控制、测量、数据通信一体化和智能化。

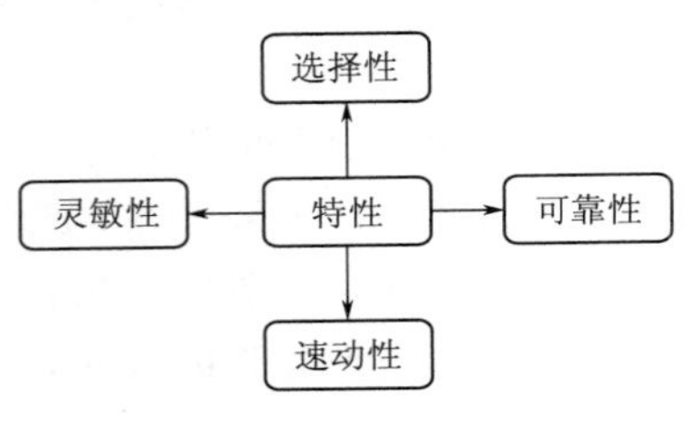

图 1-5　继电保护的四个特性

继电保护为完成其功能，必须具备以下特性（图 1-5）：

（1）可靠性。继电保护装置应在该动作时可靠地动作，不发生拒动作；同时，其还应在不该动作时可靠不动作，不发生误动作。

（2）速动性。继电保护装置应在最短时限内将故障部分或异常工况从系统中切除或消除。

（3）选择性。继电保护装置应在可能的最小区间将故障部分从系统中切除，以最大限度地保证向无故障部分继续供电。

（4）灵敏性。继电保护装置对于其保护范围内发生故障或不正常运行状态时的反应能力。

继电保护装置的正确有效工作不仅有力地提高了电力系统运行的安全可靠性，同时，正确使用继电保护技术和装置，综合考虑继电保护的可靠性、速动性、选择性和灵敏性，还能在满足系统技术条件的前提下降低一次设备的投资。

继电保护装置通过提取故障量来正确区分系统正常运行状态与故障（或不正常）运行状态。用于继电保护状态判别的故障量随被保护对象和电力系统周边条件而异。如使用最普遍的工频电气量，通过电气元件的电流和所在母线的电压，如功率、序相量、阻抗、频率等，从而构成电流保护、电压保护、方向保护、阻抗保护、差动保护等。虽然继电保护有多种类型，其装置也各不相同，但都包含：①信号采集环节，即测量环节；②信号的分析和处理环节；③判断环节；④作用信号的输出环节。

1.3.2　继电保护的重要性

继电保护装置是电力系统的重要组成部分，它通过对电力系统故障或异常情况的检测，对故障部分进行隔离或者切除，进而达到对电力系统的有效保护，保证电力系统能够持续稳定运行。

为保证电力系统的安全稳定运行，应配备性能完善的继电保护装置和适当的安全稳定控制措施，组成一个完备的防御系统，通常分为三道防线，具体如下：

（1）第一道防线，保证系统正常运行和承受Ⅰ类大扰动的安全要求。具体措施包括一次系统设施、继电保护、安全稳定预防性控制等。

(2) 第二道防线，保证系统承受Ⅱ类大扰动的安全要求，采用防止稳定破坏和参数严重越限的紧急控制。常用的紧急控制措施有切除发电机（简称切机）、集中切负荷（简称切负荷）、互联系统解列（联络线）、HVDC功率紧急调制、串联补偿等，其他措施（如快关汽门、电气制动等）目前应用很少。解决功角稳定控制的装置，其动作速度要求很快（50ms内）；解决设备热稳定的过负荷控制装置，其动作速度要求较慢（数秒至数十秒）。

(3) 第三道防线，保证系统承受Ⅲ类大扰动的安全要求，采用防止事故扩大、避免系统崩溃的紧急控制。具体措施有系统解列、再同步、频率和电压紧急控制，同时应避免线路和机组的连锁跳闸，防止出现长时间、大范围的停电事故，以及电网崩溃的情况发生。

1.3.3 继电保护的安全防范思路

继电保护对于电力系统的安全运行和的实时监控有重要意义，起着至关重要的作用，在电力系统的运行过程中，很难保证电力系统不发生任何问题。保护设置之间往往存在联跳回路，在检修工作中假如误发联跳信号或误发跳闸信号，将会扩大范围。同时，不同厂家的保护装置输入/输出量、压板、端子、报告和定值不统一，二次回路如果出现任何影响装置运行及安全生产的错误，都必将酿成严重后果。

现代微机变电站保护装置的广泛使用，逐步取代了电磁型、晶体管型、集成电路型继电保护装置，并且随着智能站的不断扩建，继电保护设备、自动化设备和网络安全设备不断进行智能化升级，使保护装置的整体性能大大提高。但在装置整体性能得到提高的同时，二次回路的可靠性也应相应提高，才能保证保护装置的正确、可靠动作。因此二次回路检修安装过程中的安全防范技术就是常规变电阻站继电保护安全防范的重点之一。

智能变电站作为智能电网"电力流、信息流、业务流"汇集的核心枢纽，是国网公司智能电网整体部署的重点，也是未来变电站技术发展的风向标。

不同于常规变电站，智能变电站采取就地数字化收集二次量，电气设备间采用光线通信、网络传递信息流技术，某些设备的性能和特点可能会产生一定的变化，这些与二次安全措施紧密相关的特点主要有以下方面：

(1) 数字化通道。较之于常规变电站，智能变电站设施配备一般以操作简练、检修快捷、职能管理为要点，数据流从站内设备相应功能区域输出，通过虚端子流转中心进入特定的设备功能区域数据集中，进而形成数字化通道。与此同时，站内软压板是该通道打开和关闭的主要工具，掌控二次量进出站内的数据集区域，以此来保护、控制、检查间隔层设备的安全。

(2) 检测维修机制。不同于常规变电站，智能变电站点添加了检测维修机制作为二次安全保障措施。站内硬压板投进区域后，设备会处于检测维修状态中，输出具有检验性质的数据流，而且它输进的数据流也需要带有相同的检验性质才能完成对接工作。如若数据流性质不同，设备会自动判定数据流状态不同，停止相应功能的实现。智能变电站的这种检修机制一般受到多种电流采样的影响，具备闭锁保护相应功能。

（3）光纤通信。智能变电站的过程层通常采取光纤通信技术进行输送，站内设备依据是否能够收到相应的数据流来判断相应通道是否正常运转。如果该通信链路出现故障，设备会收到该链路故障警示、光口指示灯熄灭以及相应设备功能自行屏蔽等消息。

（4）通信平台网络化。二次设备通信严重依赖网络，站内网络的重要性已经大大超过传统的综合自动化变电站。智能变电站网络的可靠性和安全性决定了站内智能终端、合并单元（MU）、保护装置、测控装置、自动化系统等各设备之间信息流的传输质量，会对变电站的安全稳定运行产生直接影响。

由此可见常规变电站继电保护设备与智能变电站继电保护设备除整定作业以外，两者存在较大差距，因此继电保护设备的安全防范技术可分为整定通知单安全防范技术、常规变电站保护设备安全防范技术、智能变电站保护设备安全防范技术三个大类。

第2章

自动化系统安全防范技术

2.1 测控装置

2.1.1 测控装置概述

测控装置将一次设备的“四遥”（遥信、遥测、遥控、遥调）信息通过网络交换机集中传输至变电站当地监控后台及远动装置，是变电站不可或缺的二次设备，也是最重要的组成部分之一。

测控装置集测量、控制、监测、通信、事件记录、故障录波、操作防误等多种功能于一体，是构成变电站、发电厂厂用电等电站综合自动化系统的理想智能设备装置。既可以通过综合操作系统配合完成电站控制、防误闭锁和当地功能，还可以独立成套完成110kV及以下中小规模无人值守变电站或者作为220kV及以上变电站中、低压侧的成套保护和测量监控功能；既可以就地分散安装，也可以集中组屏。

保护测控装置可以及时预防故障，减小故障影响范围，是确保电力系统安全稳定运行的重要装置之一。电力系统配电线路通过断路器与变电站母线相连，每台断路器都要装有保护测控装置，并且根据线路运行状况设置保护。当线路发生故障时，保护测控装置给继电器发出开关量输出信号，断路器跳闸，快速切除线路故障部分，从而不影响其余部分的正常运行。

2.1.2 测控装置安全防范措施

2.1.2.1 测控装置“三遥”安全措施

1. 遥测

变电站电能计量遥测系统包括计量自动化系统、变电站计量采集终端、计量遥测通道，是集自动采集、监控、分析和计量管理于一体的应用平台。

计量自动化系的应用使得营销应用和数据分析变得比过去更为简单易行。变电站计量采集终端按照约定的采集程序采集变电站内各个计量点的数据，如电量、电压、电流等，利用计量遥测通道把这些数据上送回主站系统，主站系统服务器接收存储后经过一系列的计算统计，把结果呈现在系统 Web 页面上，提供给分析员分析，如图 2-1 所示。

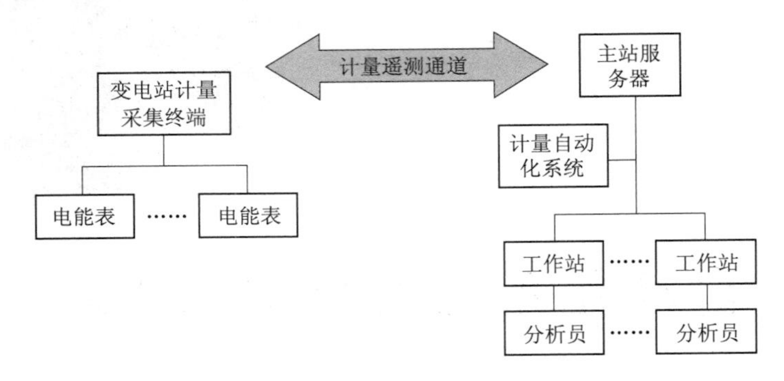

图 2-1 变电站电能计量遥测系统拓扑图

大修全站停电或装置故障非全站停电，遥测试验时都需做到计量回路不会倒送电流、电压至一次设备及其余运行设备。需可靠划开相应电流、电压连片，保证试验仪所加电流、电压不会流至外侧。严格按照二次设备及回路工作安全技术措施单做好二次回路的安全措施，严禁 TA 二次回路开路、TV 二次回路短路或接地。对于集中组屏的装置要找对端子排，绝不允许触碰运行设备。在确定电压、电流互感器的准确度满足要求的同时，确保计量二次回路实际负荷应在互感器额定负载的 25%～100%。为避免错误接线的问题，所用计量二次回路应分黄、绿、红相色，便于区分，设备投运前测试极性、杜绝极性反接，所用二次回路导线的截面积应满足规程要求（一般电压线为 $2.5mm^2$，电流线为 $4mm^2$）；所用的计量回路应为独立的二次回路，避免与其他测控等测量仪表共用二次回路；同时为检验二次回路，还需应进行升压、升流试验，通过仪器或者电表监测升压升流情况，确保二次回路接触良好。在日常工作进行定检时，定期进行二次压降测试和二次负载测试，及时发现、处理存在的的隐患问题，确保计量的准确性。

2. 遥信

遥信反映的是电力设备及继电保护装置的状态信息，为电力系统调度自动化服务。随着变电站无人值班工作的推广，遥信信号对于调度人员正确判断系统的运行情况至关重要。

遥信信息用来传送断路器、隔离开关的位置状态，继电保护装置、自动装置的动作状态，以及电力系统、电力设备的运行状态，厂站端事故总信号、发电机组开停的状态信号及远方终端设备的工作状态等的位置状态、运行状态、动作状态都只有两种状态值，如开关位置只有“分”“合”两种状态，设备状态只取“运行”“停止”两种状态。因此，可以用一位二进制数即码字中的一个码元传送一个遥信对象的状态。

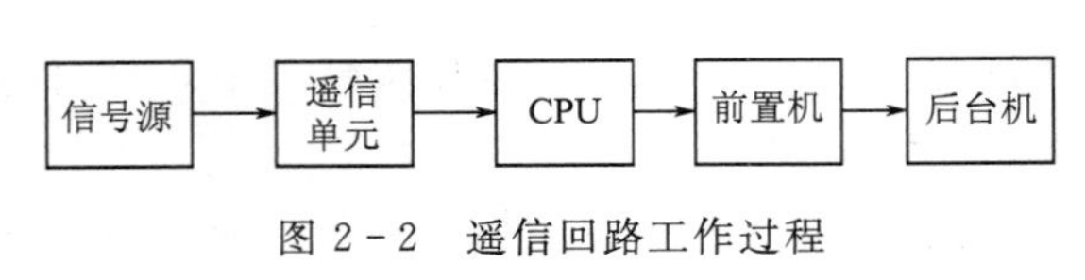

图 2-2 遥信回路工作过程

遥信回路工作过程如图 2-2 所示，遥信信号的具体传输过程为：信号源（断路器及刀闸的辅助接点、继电器的辅助接点）通过遥信单元送至远动装置 RTU

的 CPU 进行处理，通过调制解调器将遥信信息调制，通过信道送往主站前置机，经前置机解调等处理后在后台机显示。

遥信信息通常由电力设备的辅助触点提供，辅助触点来自强电系统，直接进入远动装置将干扰甚至损坏远动设备，因此必须加入信号隔离措施。通常利用光耦作为遥信回路的隔离器件实现原副方隔离。如图 2－3 所示，遥信触点串联接入遥信回路，R_1、R_2 与 C 组成的 RC 网络将高频干扰滤除，构成低通滤波器。由于光耦允许通过电流较小，利用电阻限制通过光耦的电流在毫安级，VD_1 和 VD_2 两个二极管的主要作用是保护光电耦合器，＋220V 和＋5V 电源相互独立且不共地网，使光电耦合器真正起到隔离作用。

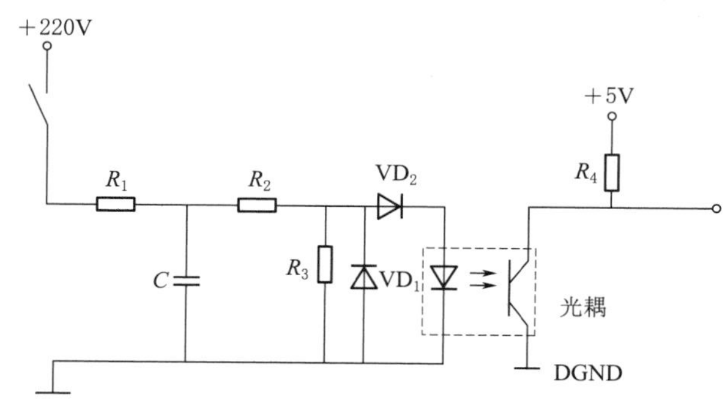

图 2－3　遥信信号采集电路

遥信的危险点是在做遥信试验时误动其他回路，从而造成事故。进行遥信试验时应注意安全，为防止误动其他回路，必须有专人监护，确定回路正确后方可进行。在测控装置做硬接点遥信试验时，要找准遥信公共端及各遥信信号所在端子，如果遥信、遥控接线端子相邻，必须将遥控端子用明显标记进行隔离，可以采用先短接好要核对信号端子再短接公共端的方式，减少误短接端子的概率，同时要核实该信号的正确性。

3. 遥控

随着电力系统的快速发展，当前大多数变电站都采取有人值守、无人值班的运行模式，变电站通过综合自动化（或 RTU）系统实现了遥控、遥调功能，遥控（遥调）的可靠性对电网的安全、可靠运行有着重要的影响。

通常，遥控操作过程包括遥控预置与遥控执行两个部分。在遥控预置过程中依据“返送校核”的原理，主站端的遥控预置命令传到无人值班变电站端，被综合自动化系统接收，然后变电站端校核该命令，并把校核过的命令返送到主站端。变电站端的“返送校核”命令被主站端接收并确认后，显示完成遥控预置，这就是遥控预置过程。在遥控预置完成时会出现一个对话框，显示遥控可执行，这时工作人员能发出遥控执行命令，也可以取消执行，在遥控执行操作发出后，主站端会接收到变电站端依据遥信变位技术发送的报告，通常，主站端会在 20s 内获得此遥控对象的遥信变位，并且显现遥控成功信息，否则显示遥控失败信息。

如图 2－4 所示，测控装置上总共有两个把手，就地/远方把手（QK）、控制把手（KK），就地/远方把手提供选择对断路器在自动化测控装置就地发出控制命令或是在后台操作发出控制命令；控制把手只有当就地/远方把手拨到“就地”时对断路器进行分合控制；在遥控回路有一个重要的有明显分合的硬节点——压板（1LP），其作用是使控制回路在测控装置屏面上有一个直观的断开节点，当节点由操作人员手动闭合时才可以有效地对断路器进行分合闸控制，同时也对非被控对象起到闭锁的作用，有效地防止了误控。防误闭锁系统主要是为操作员提供对变电站内的操作进行选择的把关，防误闭锁工作站提供操作票模版、在线通过画面操作生成操作票，按照严格规范的倒闸操作程序通过电脑钥匙进行遥控，只有通过相应被控回路的电脑钥匙才可以将测控装置屏面上的遥控回路明显分断点短路从而发出遥控命令。手动同期压板（此回路只适用于选择就地遥控时），当被调试变电站对端接入外网或是大型发电厂时，为防止发电机受损，在合闸前进行电压幅值、频率、角度三项的判别，即同期判别，现行生产的综合自动化测控装置支持这项功能。如图 2-4 所示，当压板投入时（1LP9 闭合）就可以跳过手动同期直接控制合闸，也就是合闸时可以选择不判定同期。

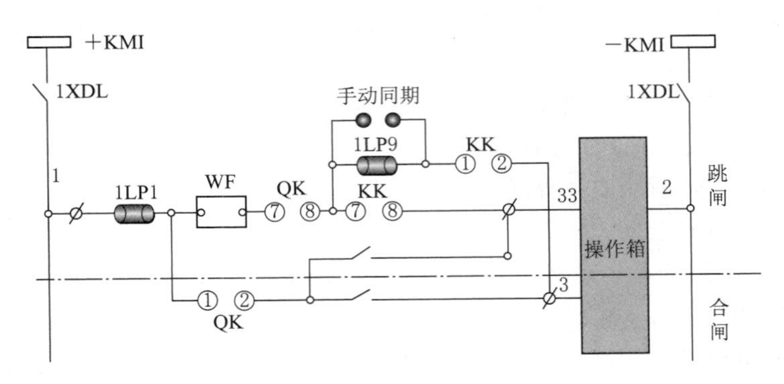

图 2-4　遥控回路内部回路图

遥控试验的危险点为做遥控试验时误控其他运行断路器。遥控试验主要杜绝误遥控事件，试验前一定要作好相应安全措施，为防止误控运行设备，所控开关操作把手应放在远方位置，运行设备操作把手应放在就地位置，并且在装置上确认返校正确后，再执行出口。通过调度侧进行遥控试验时必须双方核对遥控点号正确并且是唯一的，保证安全措施已正确实施后，才能进行调度远方遥控试验。

2.1.2.2　测控装置硬件故障采取的安全防范措施

1. CPU 板故障

（1）更换前要严格做好安全隔离措施，保证与运行设备可靠隔离，并要求将退压板的安全措施纳入工作票中，由运行人员做安措和拆安措，工程人员及检修人员不得接触压板。

（2）一定要确保装置稳定运行一段时间之后（推荐是 10min），确定没有任何问题了再由运行人员恢复压板。

（3）现场具体更换 CPU 板的步骤及注意事项如下：

1）严格杜绝更换 CPU 板并上电后发生装置地址冲突的情况，新 CPU 板在上电之前需要将该装置的通信与监控系统可靠中断（以太网的将网线拔出，CAN 网的需要将整面屏的通信线拆除），保证装置上电后不会发生因地址冲突而引发的问题。

2）装置上电后设置好通信地址、IP 地址，该过程的时间尽量控制在 5min 以内。

3）装置重启（复位）并恢复通信线，观察通信是否恢复，遥信、遥测数是否上送正常。

4）一切正常之后再下装五防闭锁逻辑，下装之前需要将原先防误整定菜单中的五防逻辑显示代码记录下来，然后下装好逻辑之后需要将新代码和原代码进行核对，确保没有问题。因设备运行后不具备实验条件，因此该工作要认真细致，具备实验条件的应试验五防逻辑。

5）如果装置参数下装（五防参数、同期参数等）需要用到装置的232口的话，则必须要在下装通信线的两端增加光电隔离设备，防止装置的232传输口损坏。目前下装参数需要用到232口的装置包含BJ－F3M、老NSD500（4U插箱）、老NSD200（4U插箱）、NSD200V（CAN网）。有同期参数整定的要将同期参数整定好（先将原参数记录下来，再整定到新CPU中去）。

6）原则上更换CPU板之后需要重新校验遥测精度，但是考虑到很多时候更换CPU板的工作是在设备运行状态下进行的，因此不具备精度校验的条件，可以将遥测精度校验的方法告诉用户，待该间隔停电检修的时候再完成遥测精度校验工作。

2. 开入/开出板故障

确定现场是否带手动操作闭锁回路，或者是否带其他特殊功能。

3. 遥测板故障后的更换

（1）需要确定TV采样是100V的还是380V的。

（2）原则上更换了YC采样板之后需要重新校验遥测精度，但是考虑到很多时候更换YC板的工作是在设备运行状态下进行的，因此不具备精度校验的条件，可以将遥测精度校验的方法告诉用户，待该间隔停电检修的时候再完成遥测精度校验工作。

（3）更换TA板的时候一定要提醒用户在电流端子上先进行封堵，并将此工作放入安全措施，再插拔TA板，一定要避免TA出现开路的情况。

4. 直流采样板故障后的更换

一块板上是8路直流采样，“跳线取下”表示采样是0～5V、“跳线跳上”表示采样是4～20mA。

5. 电源板故障

确定现场直流是220V还是110V或者其他特殊的电压等级。

6. 通信板故障

直接进行更换，确认现场的网络参数配置与更换前一致。

7. 测控面板

与调度申请测控装置停电许可后进行面板更换。

2.1.2.3 测控装置软件故障采取的安全防范措施

软件故障，如装置地址配置、同期定值配置、测控模型配置等参数配置故障时，应与调度联系。

（1）装置地址配置：严格按照站内网络地址IP分配原则进行配置，不可随意配置导致地址冲突，影响数据正常上送。

（2）同期定值配置：严格按照调度下发的同期定值单进行仔细核对，确保数据全部一致。

（3）测控模型配置：在建设该间隔初期必须完成，在更换CPU板前需要对原来的测控模型进行备份，然后再进行下装。

2.1.2.4 测控装置安全防范案例

【案例2.1】 某供电局110kV某变电站110kV线路测控装置通信中断动作，数据不刷新。110kV运行线路在凌晨报送测控装置通信中断信号上送调度，运行人员接到调度通知后赶往现场，重启测控装置，通信中断信号仍存在。检修人员到场发现装置型号为CSI-200E（图2-5），欲更换电源板件，更换前需联系调度许可。

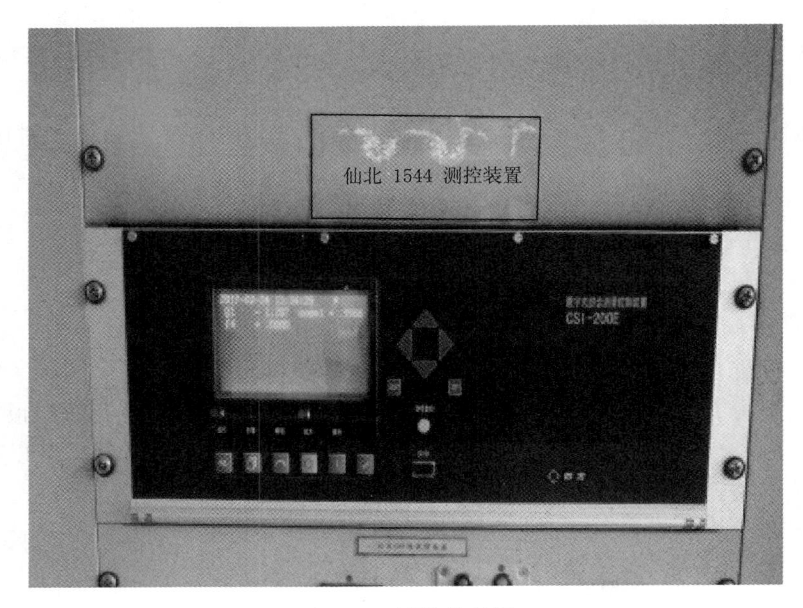

图2-5 测控装置图

检修人员对故障原因进行分析，该装置型号为CSI-200E，由于该类装置设备较为老旧，运行年限长，测控装置黑屏且数据无法刷新，故判断为该测控装置电源板损坏，更换电源板后应面板数据正常。

由于该型号测控装置电源板损坏较为常见，而该型号备品厂家已不生产，需在其余变电站大修时做好回收备品工作。

【案例2.2】 某供电局110kV某无人值班变电站运行人员收到调度通知：该站某线路开关测控装置运行灯灭，开关位置指示灯不亮，液晶面板无显示，按面板上按键时，所有指示灯闪烁，后台报110kV测控装置失电告警，某线路开关测控装置通信中断，如图2-6和图2-7所示。

设备状态：某线路处于检修状态，该线测控装置在运行状态。某线路开关测控装置型号为CSI-200E，版本1.03，CRC校验码FA4C，版本日期2005年12月20日。

检修人员到达现场后检查装置背板直流电源输入为110V正常，选择更换电源板。更换电源板之前与调度联系许可，更换完电源板插件后重新启动测控装置，恢复正常，如图2-8所示。

测控运行灯不亮的可能原因如下：

（1）装置直流电源输入异常，如空开跳开、直流电压异常等。

（2）测控装置电源插件损坏。

（3）测控装置面板或者运行灯损坏。

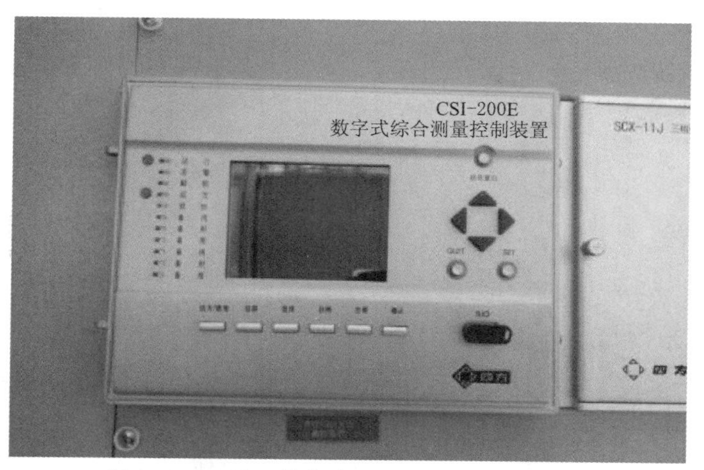

图 2-6　110kV 某线路开关测控装置运行灯灭

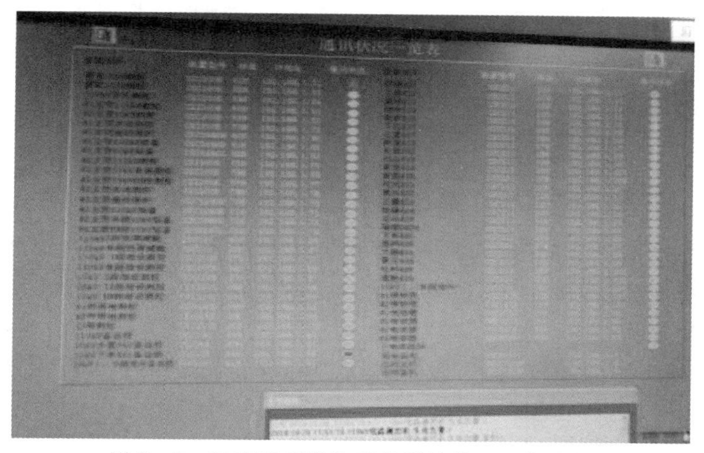

图 2-7　110kV 某线路开关测控装置通信中断

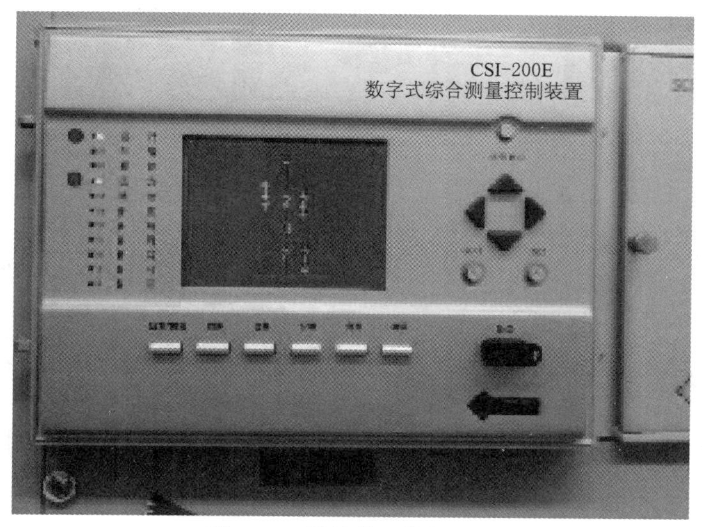

图 2-8　测控装置恢复正常

(4) 测控装置 CPU 插件损坏。

(5) 对于因电源异常引起的运行灯不亮，可先检查外部电源回路和装置背板电压。

测控装置插件损坏的依次更换插件，如更换 CPU 插件，需重新设置定值及测控逻辑、核对三遥信息正确后才可投运。

2.2 监控后台

2.2.1 监控后台概述

监探后台通过网络交换机（每个变电站均应接入双网交换机，实现冗余结构）传输将间隔层设备的遥信、遥测、遥控、遥调集中在 2 台或 3 台电脑主机上，运行人员及维护人员通过监控主机可以及时看到设备的运行状况，及时消缺等，如图 2-9 所示。在自动化系统运行过程中，当网络连接正常时，也有可能发生个别遥信信号和现场实际状态相异的情况。出现这种情况时，可以查询 SOE（事件顺序记录）整体把握、系统分析，提高解决问题的能力。比如，当出现 SOE 对应的事件记录信号，很有可能是因为出现了保护装置与监控系统间的通信问题，只需要重启对应的系统就可以解决问题。又如，信号缺失是由于保护装置内部的某通信出口模块损坏而引起的，这就要维修或者更换相对应的模块。通过检查通道收发指示灯的闪烁情况来判断主站与分站的通信情况，用 MODEM 的模拟通信方式通过观察指示灯，问题可以一目了然。还可以检查主站与分站之间的报文是否正常交换，分站的报文如果不能传送到主站，需要查看通道是否中断或者检查综合自动化系统的通信管理机的工作情况。如果遥控不成功、实时数据无法传输、数据无法刷新，则说明通道全部中断；如果不能遥控但主站实时数据还能正常传输，则说明是下行通道中断。

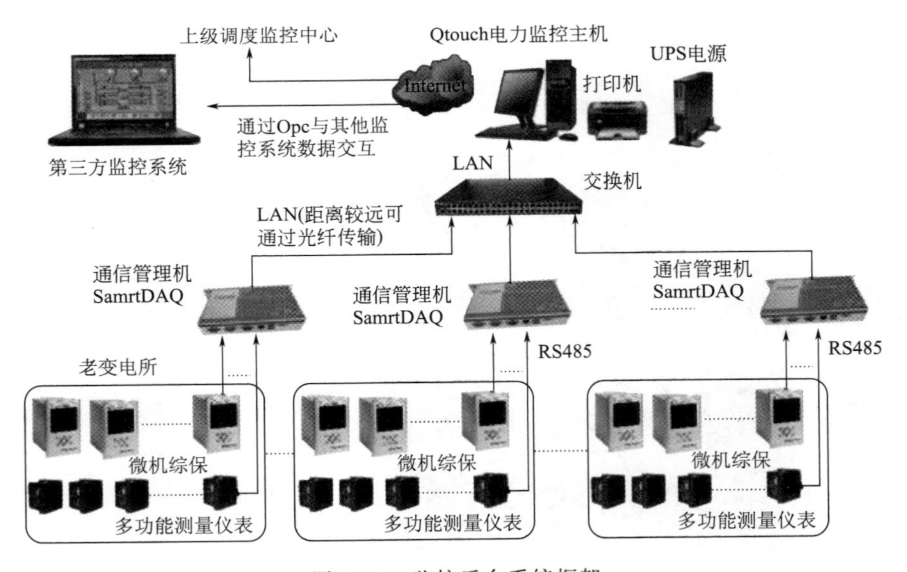

图 2-9 监控后台系统框架

当系统中的硬节点出现丢失信号或者操作频繁的问题，很有可能是因为对应的接头处松动等问题，重新焊接就可以解决问题。如果在同一测控装置中，同一时间内多个硬节点发生信号丢失情况，需要对管理插件配置进行检查，测试匹配性是否完好，例如加强对应的开入模块和管理插件配置的匹配性检查等。应特别引起重视的是，在运行过程中，如果由于出现异常或故障使得综合自动化系统操作员工作站失去了对变电站的监控时，应及时向值班调度员和有关人员汇报，并安排人员到保护小室、开关室利用间隔层设备进行现场监控。

2.2.2 监控后台安全防范措施

1. 监控后台硬件故障采取的安全防范措施

所谓硬件故障主要是指设备方面的故障，比如系统死机等，大部分的原因是设备的待机时间或者持续运行时间过长，没有得到充分的休息，所以出现一系列的问题，甚至发生某些关键零件的失灵或者损坏，很多硬件设备都会出现这些问题，主要表现为网卡故障、硬盘故障、显示器故障等普通家用计算机的常见故障情况，常见的处理办法如下：

（1）网卡故障。网卡是双网结构的，若出现同时 AB 网都中断，应检查网络交换机是否端口出现故障，水晶头是否出现松脱或接触不良。

（2）硬盘故障。建议重启几次查看故障点，若无法复原，必须将硬盘交给专业人员进行维修。

（3）显示器故障。最简单的方法就是更新显示器，在安装了新的显示器之后，需要下载对应的驱动程序。如果出现驱动丢失等情况，一般是因为显卡的问题，或者是主板的兼容性出现了问题。一旦主板不兼容，就会导致显卡的温度超过正常值，引起系统运行故障，严重的可能直接死机，这时最好的办法就是更换显卡。还有，当出现载入显卡驱动程序后的系统死机情况，可以用其他型号的显卡暂时代替，等安装好驱动之后，再换回原来的显卡，可节省成本。如果还不能解决问题，就只能重装系统。

（4）CPU、主板等故障。机器无法启动等情况，建议重装系统查看缺陷情况再相应进行处理。

（5）声卡故障。驱动程序默认输出为静音。单击屏幕右下角的声音小图标（小喇叭），出现音量调节滑块，下方有静音选项，单击前边的复选框，清除框内的对号，即可正常发音。

2. 监控后台软件故障采取的安全防范措施

后台系统的参数设置错误主要体现在报文名称定义不够清晰、主画面显示与分画面显示内容与实际情况不同等，导致这一问题的主要原因包括综合自动化系统的信息量比较大，新建设的工程、改建和扩建工程的验收传动未到位，以及不规范的报文名称。前置机软件故障主要体现在不明情况的死机、应用程序出现走死问题，处理这种问题的方法是重新启动前置机软件。

（1）数据库无法同步。两台操作台工作站存在两台机器无法同步的现象，出现这种情况的可能为数据库软件出现故障、同步功能设置错误、网络传输不稳定、操作员工作站老化等原因。建议定期对操作员工作站进行同步功能检查、备份等操作。

（2）软件老化。主要表现为操作员工作站死机、运行缓慢、无响应等现象，导致无法查看数据库。建议定期对变电站设备进行灰尘清扫、内存、硬盘清理垃圾等，对软件进行重装。

（3）误发遥信。主要表现为装置无信号，调度和当地后台均有信号、当地后台收到的信号有误。这种问题的应对方法是在处理事故之后对保护装置的内存进行清空操作，一般能够解决问题。同时，遥信记录也是对变电站的自动化设备的重要反馈信息和衡量指标，准确的遥信记录会直接关系到设备的正常运转，进而在整个系统中发挥作用。不仅如此，遥信记录的记载还可以监控遥测过程中的电流以及电压的变化情况，把数据传输给系统进行分析，通过这些分析，有利于早一步发现系统中存在的问题，并且有针对性地进行解决。例如，当系统中出现遥控信息失真的时候，可能会有多种影响的因素，其中比较重要的几个因素包括人为操作出现失误、微机信息处理过程中出现失误和遥信端的接触状态不够良好等。

（4）遥测数据有误。主要表现为遥测数值与一次设备数值不对应、遥测上送缓慢或无变化。当出现某一硬节点开入信号丢失，或经常反复出问题，或时好时坏的情况时，说明对应的接口可能出现了松动。处理的方法是将接口重新连接好，或采取重新焊接的办法确保万无一失。当出现同一测控装置的多个硬节点开入出现丢失、节点抖动的情况，并且还是一起出现的时候，应该对该测控装置的开入模式进行反复检测：①检测管理插件配置的匹配性问题；②对数据库的遥测系数进行检测，验证这些数据是否准确，数据的传输的过程是否稳定，是否出现了偏差；③对测控装置的位置进行检测，和后台的配置保持一致。

（5）遥控、遥调故障。主要表现为无法遥控、遥控提示超时、误遥控到别的间隔等，这是非常严重的电力事故事件。所以遥控、遥调的验收需要仔细核对，需要检查数据库的配置是否与测控装置一致，确保与五防通信正常，检查二次遥控回路是否正确无误，检查二次接线是否有松动，测控装置通信是否正常以及“远方/就地”把手是否在就地位置，遥控出口压板是否已投入，检修压板是否已退出等。

3. 监控后台装置安全防范案例

【案例 2.3】 某供电局 110kV 某站进行综合自动化系统改造时自动化人员对 10kV 线路 F2 进行调试验收，当在现场开始验收“10kV 线路 F2 弹簧未储能”信号时，监控后台收到的却是“10kV 线路 F2 保护装置电源消失”信号，检查接线和二次图纸均无误，检查监控后台数据库发现是监控后台将 2 根信号线连接错误所致，更改接线后可以正常接收到“10kV 线路 F2 弹簧未储能”信号。

此种现象时有发生，常发生在基建、扩建的变电站中，见表 2－1。因此在验收时应加强验收的仔细程度，严格遵守验收细则，按照电网标准验收文档进行逐一验收，方可减少错误量。

表 2－1　　某变电站监控后台数据库发生缺陷

变电站缺陷数量	周期性	缺陷情况	整改方法
10	平均每半个月一次	遥信连接错误	加强巡视，加强验收
5	平均每一个月一次	遥测系数错误	加强巡视，加强验收，统计全站遥测系数进行分析总结
8	平均每两个月一次	遥控链接错误或五防功能失效	加强五防功能巡视，遥控试验时确保全站运行设备在“就地”位置

【案例 2.4】 某供电局 110kV 某站主变保护装置是老式的 CST201B－1。

该保护装置老化严重，故障处理前装置背面接线如图 2－10 所示，具体出现以下缺陷情况：

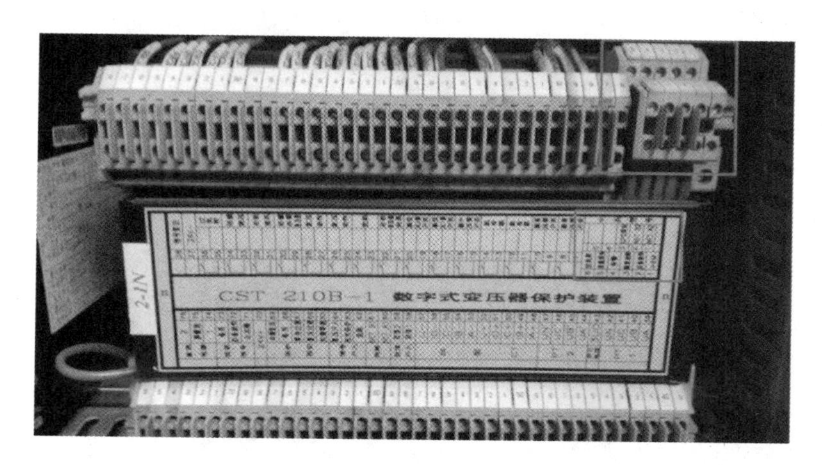

图 2－10 故障处理前装置背面接线图

（1）保护装置告警、保护装置故障信号无法上送调度及监控系统。

（2）保护装置通信中断信号频繁发送，运行人员必须前往站内手动复归信号，严重影响调度人员监控。

（3）若一次设备出现事故，而保护装置在无法监控的情况下已经出现故障，无法对电网形成有效的保护。

（4）继保自动化人员在每次出现通信中断情况后都要去现场进行检查、复归，无实质有效办法，工作效率大大降低。

（5）调度人员无法快速及时地获取保护装置的运行工况。一旦保护装置出现通信中断，变电站须恢复有人值班。

（6）CPU 通信插件老化严重，频繁发送信号容易导致整套保护装置彻底瘫痪。

具体更改措施如下：

（1）将主变保护装置告警、故障信号上送监控系统及调度系统，调试正确。

（2）实施完成后，对保护装置进行检验，确定保护装置功能运行正常。

（3）在工作过程中，做好安全措施和风险评估，根据作业表单顺利完成装置的硬接点信号接入工作。

（4）根据实施步骤和安全措施，制订一套完整有效的作业指导书，技术人员可根据作业指导书完成接下来的工作。

（5）方案完成后，对装置 CPU 插件进行检验，在远动及监控系统中将通信中断信号屏蔽，缺陷处理完成。

故障处理后情况如图 2－11～图 2－16 所示。

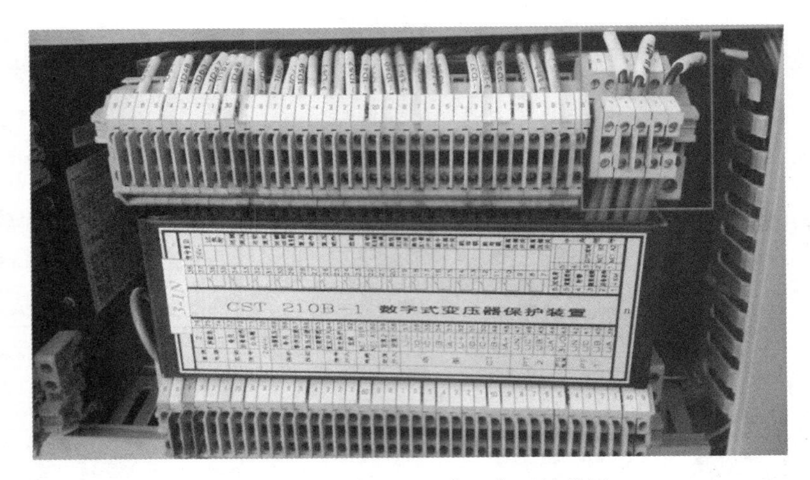

图 2-11　故障处理后装置背面接线图

图 2-12　故障处理后测控装置接入图

2号主变	2号主变主保护装置故障	54DIG010004	保护告警	2号主变主保护CST31A	复归	动作	False
2号主变	2号主变主保护装置告警	54DIG010005	保护告警	2号主变主保护CST31A	复归	动作	False
2号主变	2号主变主保护保护动作	54DIG010006	保护事件	2号主变主保护CST31A	复归	动作	False
2号主变	2号主变主保护差动压板	54DIG010008	普通压板1	2号主变主保护CST31A	退出	投入	False
2号主变	2号主变主保护保护启动	54DIG010200	保护告警	2号主变主保护CST31A	复归	动作	False
2号主变	2号主变主保护差动保护出口	54DIG010201	保护事件	2号主变主保护CST31A	复归	动作	False
2号主变	2号主变主保护差动速断保护出口	54DIG010202	保护事件	2号主变主保护CST31A	复归	动作	False
2号主变	2号主变主保护零序差动保护出口	54DIG010203	保护事件	2号主变主保护CST31A	复归	动作	False
2号主变	2号主变主保护跳闸失败	54DIG010204	保护事件	2号主变主保护CST31A	复归	动作	False
2号主变	2号主变高压侧装置故障	55DIG000004	保护告警	2号主变高后备T210BGHB	复归	动作	False
2号主变	2号主变高压侧装置告警	55DIG000005	保护告警	2号主变高后备T210BGHB	复归	动作	False

图 2-13　监控系统数据库实施情况

```
477 0>    592    1>    0>    03DIG01010F>    ;10kVF32装置通信中断$
477 0>    593    1>    0>    03DIG010201>    ;10kVF33装置通信中断$
479 0>    594    1>    0>    03DIG010201>    ;10kVF34装置通信中断$
480 0>    595    1>    0>    03DIG010202>    ;10kVF35装置通信中断$
481 0>    596    1>    0>    03DIG010203>    ;10kVF36装置通信中断$
482 0>    597    1>    0>    03DIG010204>    ;10kV母联535装置通信中断$
483 0>    598    1>    0>    03DIG010407>    ;10kV备自投装置通信中断$
484 0>    599    1>    0>    03DIG01040E>    ;10kV接地变552装置通信中断$
485 0>    600    1>    0>    03DIG01040F>    ;10kV接地变553装置通信中断$
486 0>    601    1>    0>    03DIG01040A>    ;10kV电容器5C3装置通信中断$
487 0>    602    1>    0>    03DIG01040B>    ;10kV电容器5C4装置通信中断$
488 0>    603    1>    0>    03DIG010408>    ;10kV电容器5C5装置通信中断$
489 0>    604    1>    0>    03DIG010409>    ;10kV电容器5C6装置通信中断$
490 0>    605    1>    0>    58DIGOD0100>    ;2号主变差动保护装置告警$
491 0>    606    1>    0>    58DIGOD0101>    ;2号主变高后备保护装置告警$
492 0>    607    1>    0>    58DIGOD0102>    ;2号主变高后备保护装置故障$
493 0>    608    1>    0>    58DIGOD0103>    ;2号主变低后备522保护装置告警$
494 0>    609    1>    0>    58DIGOD0104>    ;2号主变低后备522保护装置故障$
495 0>    610    1>    0>    58DIGOD0105>    ;2号主变低后备523保护装置告警$
496 0>    611    1>    0>    58DIGOD0106>    ;2号主变低后备523保护装置告警$
497 0>    612    1>    0>    53DIGOD020E>    ;3号主变差动保护装置告警$
498 0>    613    1>    0>    53DIGOD020F>    ;3号主变高后备保护装置告警$
499 0>    614    1>    0>    53DIGOD0100>    ;3号主变高后备保护装置告警$
500 0>    615    1>    0>    53DIGOD0101>    ;3号主变低后备保护装置告警$
501 0>    616    1>    0>    53DIGOD0105>    ;3号主变低后备保护装置故障$
502 ;-----------------------20141016增加GPS信号-----------------------------------$
503 0>    617    1>    0>    ACDIGOD0106>    ;GPS主时钟装置告警$
504 0>    618    1>    0>    ACDIGOD0107>    ;GPS扩展时钟装置告警$
505
```

图 2-14 远动系统数据库修改情况

Microsoft Excel - 110kV■台站远动信息量表（141103）

文件(F) 编辑(E) 视图(V) 插入(I) 格式(O) 工具(T) 数据(D) 窗口(W) 帮助(H)

E305 3号主变高后备保护装置故障

	A	B	C	D	E
287	551YX	10kV线路F34失压保护压板投入		596YX	10kV线路F36装置通信中断
288	552YX	10kV线路F34过负荷保护压板投入		597YX	10kV母联535装置通信中断
289	553YX	10kV线路F34闭锁重合闸保护压板投入		598YX	10kV备自投装置通信中断
290	554YX	10kV线路F35失压保护压板投入		599YX	10kV接地变552装置通信中断
291	555YX	10kV线路F35过负荷保护压板投入		600YX	10kV接地变553装置通信中断
292	556YX	10kV线路F35闭锁重合闸保护压板投入		601YX	10kV电容器5C3装置通信中断
293	557YX	10kV线路F36失压保护压板投入		602YX	10kV电容器5C4装置通信中断
294	558YX	10kV线路F36过负荷保护压板投入		603YX	10kV电容器5C5装置通信中断
295	559YX	10kV线路F36闭锁重合闸保护压板投入		604YX	10kV电容器5C6装置通信中断
296	560YX	10kV分段535备自投压板投入		605YX	2号主变差动保护装置告警
297	561YX			606YX	2号主变高后备保护装置告警
298	562YX	2号主变测控装置通信中断		607YX	2号主变高后备保护装置故障
299	563YX	2号主变差动保护装置通信中断		608YX	2号主变低后备522保护装置告警
300	564YX	2号主变高后备保护装置通信中断		609YX	2号主变低后备522保护装置故障
301	565YX	2号主变522低后备保护装置通信中断		610YX	2号主变低后备523保护装置告警
302	566YX	2号主变523低后备保护装置通信中断		611YX	2号主变低后备523保护装置故障
303	567YX	3号主变测控装置通信中断		612YX	3号主变差动保护装置告警
304	568YX	3号主变差动保护装置通信中断		613YX	3号主变高后备保护装置告警
305	569YX	3号主变高后备保护装置通信中断		614YX	3号主变高后备保护装置故障
306	570YX	3号主变低后备保护装置通信中断		615YX	3号主变低后备保护装置告警
307	571YX	1号公用测控装置通信中断		616YX	3号主变低后备保护装置故障

图 2-15 远动信息量制作表

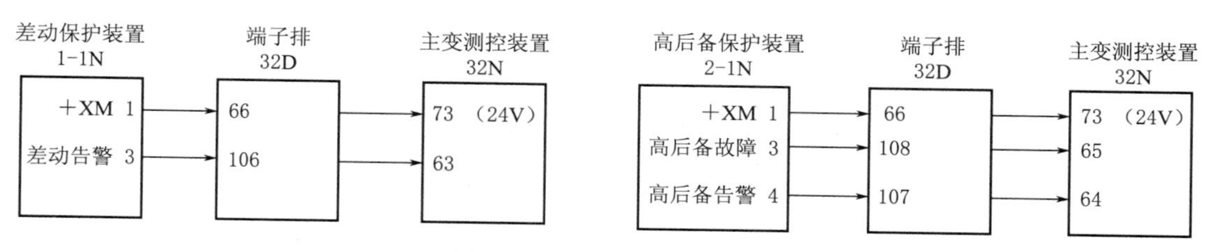

图 2-16 项目完成示意图

【案例 2.5】 某供电局某变监控后台无法遥控缺陷，五防计算机与后台通信故障，后台无法遥控操作，如图 2-17 所示。

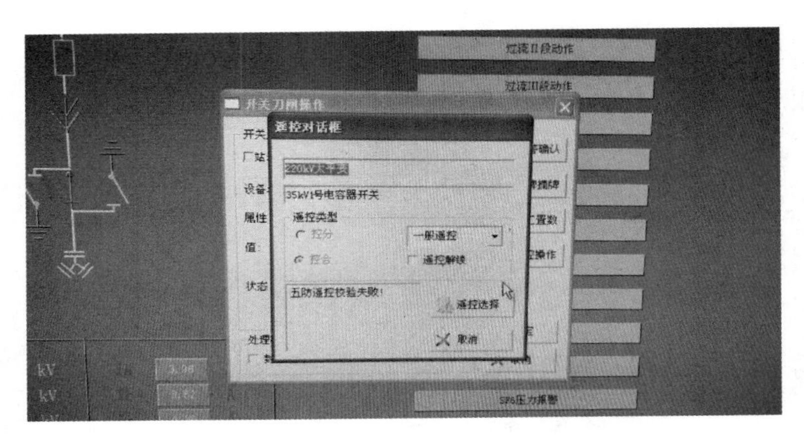

图 2-17 监控后台遥控失败

检查发现，监控后台在遥控选择时，五防遥控校验失败。监控后台与五防系统网络通信正常，但是，监控后台无法正常接收到五防发出的报文记录，初步怀疑监控后台或者五防配置问题。经五防厂家检查发现，五防通信参数配置不正确，五防侧未配置后台主机Ⅰ、Ⅱ的IP地址，导致五防发出报文数据不能到达监控后台主机系统，遥控预置时，选择失败，如图2-18所示。

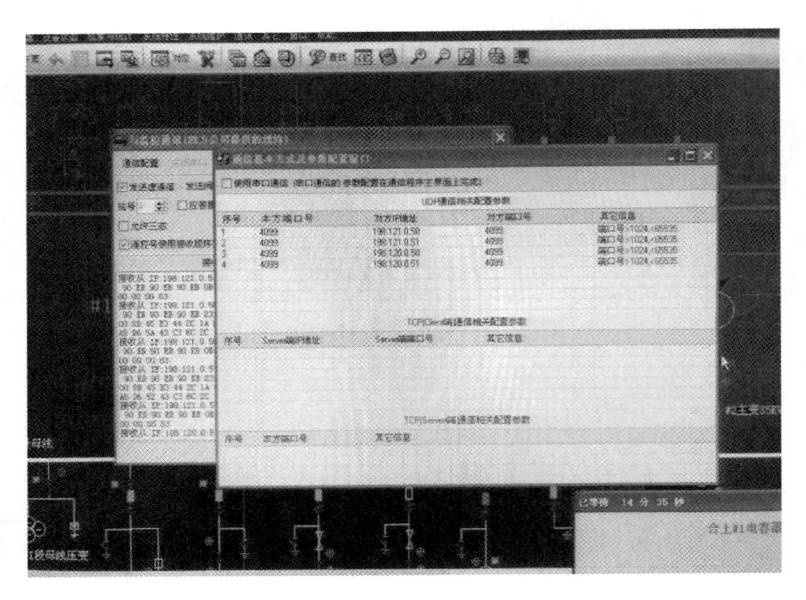

图 2-18 五防通信参数配置不正确

本次监控后台遥控失败是由于五防系统的IP配置丢失或者人为误删等原因导致的。遥控设备前要将运行设备切至就地控制，防止误遥控。

2.3 远动装置

2.3.1 远动装置概述

远动装置是电力系统综合自动化的基础，是完成调度与变电站之间各种信息采集、交互的实时自动化装置。远动系统在电力设备运行中发挥着越来越重要的作用，对其故障恢复要求也越来越高。远动系统主要对生产过程中所有地区的系统进行监控，对接收到的信息进行处理，并将处理结果显示给系统的数据库。该系统包括调度端远动装置、远动信道和厂站端远动装置等。

近年来，无人值班变电站的发展实现了电力生产经营中的“减员增效”原则，变电站综合自动化技术已经成为十分引人瞩目的技术。远动系统对远方运行设备进行监视和控制，为调度控制中心提供实时数据，其运行可靠性直接关系到电网、设备的安全稳定运行，影响人们的生产生活用电。因此有必要对日常工作中遇到的一些问题进行分析、总结、改进，更好地推进电网自动化的健康发展。

2.3.2 远动装置安全防范措施

1. 远动装置硬件故障采取的安全防范措施

远动装置通常是双机主备冗余配置，一旦主机出现故障，会自动切换至备机运行，此时备机作为主机，主机变为备机。一般的工控机的故障类型通常有 CPU 故障、内存不足、电源故障、通信故障等。

(1) CPU 故障。主要表现为装置进程无法启动导致无法正确运行。须申请后对远动进行重启试验，若仍存在故障，建议进行更换装置。

(2) 内存不足。变电站远动装置普遍为 1G 内存，较老的变电站都是 256M 或 512M，对于上百台装置的数据量来说不能满足要求，建议进行内存更换。

(3) 电源故障。主要表现为装置运行灯不亮，须更换电源板。

(4) 通信故障。主要表现为运动装置没办法传输数据。主要原因可能是多条信号共同经过，从而导致通道中断；或者是对应的接受卡或终端损坏等，导致信号的传输过程质量差，信号传输的信息也因此出现偏差。

2. 远动装置软件故障采取的安全防范措施

远动装置有一套数据库在内部运行，远动数据库、远动量表、调度系统的数据库必须严格一致，若出现数据不一致，将造成严重的后果。所以在验收过程中，必须加强验收并定期进行自动化数据核查。正常情况下供电局每年都进行自动化数据核查工作。

(1) 综合类故障。

1) 故障现象一，某站无法接收远动信号，主要原因可能是 RTU 控制单元的主板出现了问题；或者是规约板和工作电源损坏，需要对相关的硬件进行检测。

2) 故障现象二，多路远动信号无法接收。主要的原因可能是多路远动信号共同经过造成重叠，因此导致传输路径被损坏；或者是其他的终端和设置出现了严重的问题，以及出现严重的损坏，需要对信息传输的通道和主板电源进行检查。

3）故障现象三，某路远动信号可以接收，但误码率很高。主要原因可能是远动信号电平值过低或者是信号的质量差。

（2）遥测类故障。

1）故障现象表现为某一路遥测值不准。故障原因包括 RTU 没有进行合理的采样、数据量过少、TA 精度没有得到标准或被损坏（交流采样），以及变送器精度不准或损坏等。

2）二次回路出现了电流缺项，可能的原因包括：①保险接触不良；②电压保险断开，遥感采样过程中得到的数值超过了可以承受的范围；③遥测值符号没有得到正确的定义，进母线是负，出母线是正；④站端改变了测量方式；⑤回路接线错误，比如改用两表法测量；⑥RTU A/D 转换板损坏，自检故障，导致遥测值不出现。

（3）遥信类故障。

1）由于断路器辅助触点抖动，造成遥信回路电阻过大，使得信号的衰减过大，遥信板输出的电压与机器本身的工作电压过低，电磁的干扰以及接地不好，导致遥信的误动。

2）由于遥信信号在参数定义库里面的定义有问题，该遥信信号对应的某处的断路器辅助触点不够畅通，导致遥信信号不准确。

3）由于 RTU 雪崩对于故障处理的能力不够，造成大量开关发生变位，有时会有遥信丢失的现象。

（4）遥控类故障。

1）当在站下行通道断裂，RTU 的遥控输出压板发生错误，主站或者分站的设备中的 RTU 遥控出口的继电器被损坏，参数发生错误，RTU 遥控执行继电器上的触点接触不好或者执行板损坏，分站设备将会发生转换就地位置，不在远方位置，导致遥控失败。

2）由于遥控程序对于远动规约的有错误，比如说通过的误码率比较高，遥控点位随意插入等，导致遥控执行有时候好有时候坏。

3）由于人为因素错误选择变电站的断路器导致错误。

4）主站以及分站的遥控点号对应有错误，所以错误地控制了其他断路器。

（5）遥调类故障。

1）主变挡位无对应的位置信号导致遥调程序不能顺利执行。遥调程序的作用就是监测主变挡位信号，以便于正确遥调。

2）主变不在远方的位置，在就地的位置。

3）分站或者主站的参数库发生错误使得遥调失败。

3. 远动装置安全防范案例

【案例 2.6】 某供电局 110kV 某变电站挡位遥测上送调度缓慢情况。

缺陷描述：110kV 某站在综合自动化系统改造后，站端或调度遥调主变有载调压挡位时，通过 101 通道（版本：1.0.18）传输的遥测数据比遥测和遥信上送调度延迟 4～5min，而 104 远动通道数据上送正常（版本：1.0.19）。

处理过程：经工作人员检查发现，调度遥调主变有载挡位时，站内监控后台遥测上送数据无异常。检查远动数据库时发现远动 101 通道的程序存在如下问题：因带时标的遥测放在SOE队列中，在站内遥测刷新较快的情况下，远动一直通知主站有一级数据，导致主站不停地请求一级数据，使二级数据遥测量送不上去。然而，远动装置上送调度主站时不需要带时标的遥测。远动装置无法处理带时标的遥测，导致数据上送延迟。每次需要通过远动装置自带的“背景允许扫描时间”功能，该功能在180s后会将全站数据汇总并上送调度主站。101通道程序升级后，远动装置用不带时标的变化遥测代替带时标的遥测数据上送给调度，使调度能够及时有效地收到遥测变化。

处理结果：工作前需联系调度监控保证数据封锁，将101通道程序版本升级至与104通道一致（版本：1.0.19）。程序升级后，调度对主变有载调压档位再次进行调试，调度端遥测数据变化及时上送，报文正确，缺陷处理完成。

【案例2.7】 某供电局220kV某站站内自动化人员由于对新扩建的220kV线路进行验收，需要重启远动装置让远动数据生效，于是和中调、地调申请重启远动工作，获得许可后开始重启远动装置。当重启完远动装置后，中调自动化人员致电站内自动化人员：中调收到站内220kV运行线路跳合闸遥信信号，自动化人员获知后马上去监控后台和现场检查该线路，现场和后台均无任何跳闸信号。

经查明发现，远动装置在重启过程中将缓存中的数据上送给了中调，是误发信号。该站的自动化系统容易出现缓存无法释放的现象，经协商后将远动装置内存增大，以免再次出现类似情况，重启远动装置前也需通知调度。

2.4 GPS对时装置

2.4.1 GPS对时装置概述

GPS对时装置选用高精度授时型GPS接收机、大规模集成电路设计，提供高精度NTP网络时间的信息，在GPS地球同步卫星上面获取标准的信号信息，并且把这些信息用TCP/IP进行传输，可提供高冗余度、高可靠性的时间作为基准的信号，对广播电视、国防、电信、电力等各个关键的部门系统提供可靠的频率的基准信号。GPS对时装置具有精度高、功能强、无积累误差、稳定性好、不受地域气候等环境条件限制、操作简单、免维护、性价比高等特点，更适合无人值守。GPS对时系统结构如图2-19所示。

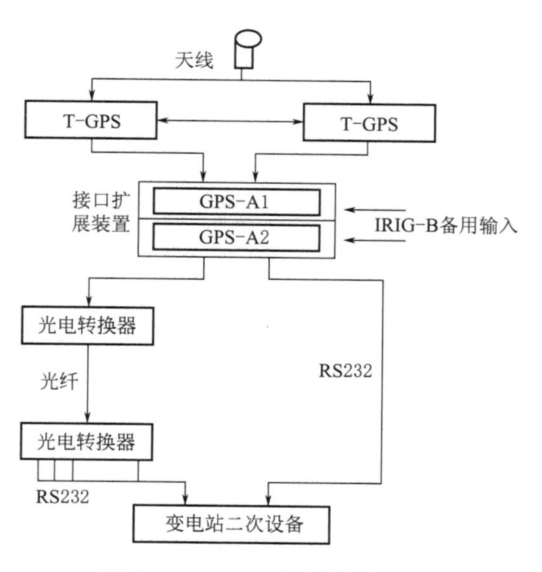

图2-19 GPS对时系统结构图

同步主要分为主从同步、互同步以及准同步共3种方式。

（1）主从同步。采用主基准的频率来控制这种时钟的信号和频率，数字设备的同步节点和数字网中的时钟都受控主基准的时钟信息控制。信息在时钟之间相互传递，同步信息包括了传递业务的数字信号的提取，它用同步节点把接收到的基准信号经过一系列处理再向外传递，低级别的时钟可以从高级别时钟找到信息，高级别的时钟则依据相关规定顺序传递给低级别的时钟。

（2）互同步。每一时钟都对其他相邻时钟施加控制，并间接影响其他时钟的同步网。在互同步网中，全部时钟处于同等地位，每一时钟对其他时钟直接施加控制。同步网中的工作频率或数字率是全部时钟固有频率的平均值，而在互同步网中只采用一种性能的时钟。

（3）准同步。准同步是指时标或信号的相应有效瞬时以相同的标称速率出现的一种特征，其速率的任何变化都限制在规定范围之内。具有相同标称数字率而不是由同一时钟或两个恒步时钟控制的两个信号通常是准同步的。两个彼此准同步的信号的数字率都在规定的容差范围之内变化。

对于数字网中没有主基准时钟进行互相同步的处理，各自在网络内相互控制，而且无等级区分，以达到稳定的系统输出的频率。

在网络当中各时钟相互独立工作，互不关联，但是时钟的频率没有差别，滑动可达到指标的要求，同步网络将会采用主从同步的方式。

2.4.2 GPS对时装置安全防范措施

1. GPS对时装置硬件故障采取的安全防范措施

GPS对时装置故障类型主要有通信板件故障、电源故障、卫星故障、尾纤故障等。

（1）通信板件故障。通信板件故障可能由单板本身发生问题，或受到外界的强烈的干扰（如不规范的接地）引起，当故障发生时会对交换机系统的运行产生影响。应首先检查是否由于外界的干扰引起，是否故障已经恢复。若仍然没有恢复告警，检查GCKS的指示灯是否有故障指示，若有故障指示，应更换通信单板。

（2）电源故障。设备运行电源灯应常亮，否则须进行电源板更换。

（3）卫星故障。检查装置是否正确接收到3个以上卫星信号，若无卫星信号应观察当天的天气情况、卫星头是否被覆盖、卫星是否出现故障等。

（4）尾纤故障。若某一个装置无法对时或对时不准确，则必须检查测量二次设备对时线、GPS端对时线是否有电平；若没有无法对时或对时不准确的现象，可能是因为尾纤断线、端子损坏或装置的接收信号板出现故障。

2. GPS对时装置软件故障采取的安全防范措施

GPS同步时钟对时装置需要与变电站内各设备进行对时通信，波特率、装置地址、装置频率都需要配置正确方可实现对时功能。

3. GPS对时装置安全防范案例

【案例2.8】 某供电局220kV某变电站1号主变第一套、第二套及非电量保护装置对时出现异常，年月日的时间均错误，而时分秒都是正确的。在装置上手动更改正确时间一段时间后，仍会变回错误的年月日。经现场检查发现，对时的电平测量都是正确的，而保护装置的网关对时配置有误，更改后，时间对时正确。

2.5 间隔层网络交换机

2.5.1 间隔层网络交换机概述

交换机在通信系统中可以完善信息中的交换功能，图 2-20 是 110kV 变电站网络通信内部的结构图。图中的 10kV 的高压室可以简单地按照每个高压室 12 台保护装置计算，推算得到 3 个高压室有 36 台以太网通信的装置，A、B 网各自都需要 2 个交换机（每台交换机有 24 个电口）。后台机、保信子站、远动等主要设备，加上一些附属设备，例如录波器、PS、网络硬盘等设备全都可以通过以太网进行通信，在主控室的 A、B 网络都需要两台交换机。除此之外，在主控室进行级联用的交换机必须包含光口。在主控室一共有 3 台 110kV 的主变保护（本体保护、差动保护、后备保护）以及测控装置。综上所述，一个 110kV 变电站只需要 8 台交换机。

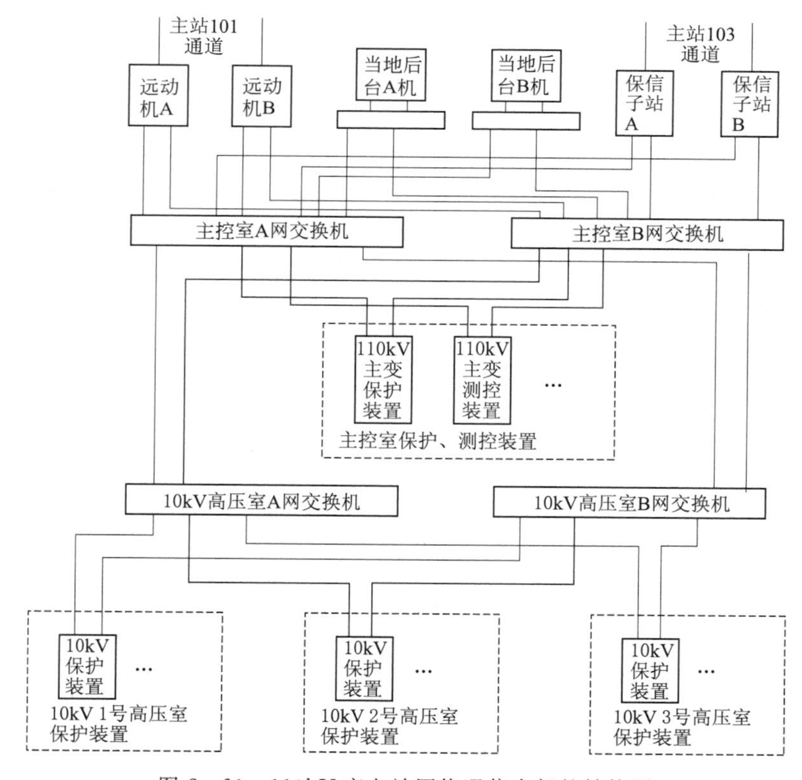

图 2-20 110kV 变电站网络通信内部的结构图

2.5.2 间隔层网络交换机安全防范措施

交换机是企业网络组建中不可缺少的设备，在实际工作中交换机的安全尤其需要重视，应严禁未经授权的主机接入到交换机的端口，有些网络管理员没有在交换机的端口上采取任何的保护措施，未经授权的主机能够自由接入交换机的端口上（通过企业的预先设置的网络端口），这可能会给电力网络带来比较大的安全隐患。企业内部的 IP 地址像人的身份证号码一样，必须保持唯一。员工将自己的私人电脑接入到公司的网络，就可能导致 IP 地址冲突，从而影响其他主机的正常上网，甚至可能影响电力生产。同时，企业往往会在内网与外网中间部署防火墙，防止互联网上的病毒进入到企业内部。而员工的个人电脑直接从企业内部的接口连入到企业的网络，就相当于越过了防火墙的检查。若员工的电脑携带病毒，便会影响企业网络的运行。严重的话，可能会导致电力网络的瘫痪。

可见，未经授权的主机接入交换机的端口会存在较大的安全隐患。在交换机的操作系统上，有对应的预防措施可消除这种安全隐患。如通过使用“基于主机 MAC 地址允许流量”机制来授权特定 MAC 地址的主机连接到企业的交换机上，通过这种方式就可以将未经授权的主机排除在外。

通常情况下，在交换机的端口上会有一个配置列表，列举了交换机端口能够允许接入交换机的特定数目的 MAC 地址。只有在这个列表中的主机才能够连接到这个端口中。此功能可以通过“Set Port Security MAC 地址”命令来实现。使用这个命令可以加入多个 IP 地址。如企业的规模比较小，网络管理员在组建网络时将一个交换机的端口对应一个部门，一个部门的主机数目可能有 10 个，便可使用这个命令中将 10 个 MAC 地址加入允许列表，使得只有这 10 台主机能够连接到这个交换机端口中。

需要注意的是，不同品牌或者同一品牌不同规格的交换机，对可以支持的 MAC 地址数往往有所限制。在设置允许的 MAC 地址时不能过超过这个最大数量的限制。

1. 网络交换机硬件故障采取的安全防范措施

变电站双网络结构出现单网络通信中断或双网络通信中断故障时，其故障原因通常为间隔装置通信中断、电源故障、网口故障、网线故障、光纤转换盒故障、网线接入故障等。

（1）间隔装置通信中断。主要表现为通信中断，无法实现间隔自动监控，三遥数据无法上送到后台及远动。处理时首先对间隔设备进行检查，确认装置是否存在死机现象；其次检查网络交换机网口及电源是否正常闪烁，然后 ping 该间隔设备，确认是否网络通畅。

（2）电源故障。查看运行灯是否常亮，若无，需更换电源板，安装时应注意交换机上所注明的适用电压等级。若 110V 交换机转接了 220V 的电源，会把交换机的电源烧坏；若把 220V 的交换机接上 110V 的电源，虽然交换机可以继续用，但在使用过程中可能会发生通信中断或数据丢包的情况。另外，需注意适用交流或直流，早期交换机大都使用交流电源，会频繁出现电压不稳的情况，导致交换机的电源部件损坏，随着变电站设计的规范化，交换机电源都必须接入直流电源，以确保电压稳定。

（3）网口故障。查看背面接线数量及所接入的网口号，检查是否正常闪烁。

（4）网线故障。对运行网络测线器两端的网口进行核查，检查水晶头是否存在接触不良等现象。为了方便检查，在铺设网线的时候，就一定要在网线上清楚地标注起点与终点。随着变电站自动化程度越来越高，所需要接入交换机的各种装置越来越多，需要铺设大量网线，特别是在新建变电站中，如果不能清晰地标注清楚网线的起点以及终点，很容易出现网线连接错误的问题，由此导致 A 网和 B 网的交叉，从而影响正常通信。而且，一旦标识不清楚，在未来的使用过程也会带来很多麻烦，甚至可能影响其他装置的通信。

（5）光纤转换盒故障。查看转换盒是否正常，检查外观及接线是否有松动现象。光纤转换盒故障通常出现在早期的变电站。早期变电站中，带有光口的交换机尚未得到广泛的应用，高压室和主控室中的交换机之间要走电缆竖井，由于距离较长，不能用网线通信，所以在交换机与光缆之间就必须运用光电转换盒，进行电信号和光信号之间的转换。光电转换盒故障需要使用专门的光测试仪检测信号强度。更换时需格外小心，光电转换器要采用同一个出厂商的同一个批次，否则将会出现很多通信问题。有条件时，最好把光电转换器换成有光口的交换机，则其中很多繁冗的步骤可以省略，还能降低故障率。不论是有光口的交换机还是光电转换器，在使用前都必须保持光口和尾纤洁净，以防影响通信。

（6）网线接入故障。连接相同的网段交换机通常是利用一般接口完成，部分交换机存在特殊的级联接口。一般接口满足 MDI 标准，级联接口则满足 MDIX 规范。如果两台交换机都连在一般接口级联上，通常使用交叉电缆作为两个接口之间的连接；如果只需要一台交换机连接级联接口，一般选择合适的直通电缆。使用交换机进行连接时需要注意：虽然在理论上每家厂商和所有规格的以太网交换机都能够实现彼此的连接，但也存在一些特殊的状况，使得两台交换机不能成功连接，特别是型号较老的交换机，通常需要专门的级联接口方可顺利连接；随着技术的发展，交换机接口一般都能够自动适应环境，不同的交换机之间利用直连线连接两个接口就能够完成级联，但交换机所能够连接的层次有最大的限制，随意的两个接连点间的长度必须要比媒体段最高的承受范围小，这是级联能否顺利进行的关键；当许多交换机同时连接时，必须设法确保所有的交换机都能符合生成协约，在不排除有多余的线路出现的情况下，更要解决网内发生环路故障的问题。

2. 网络交换机软件故障采取的安全防范措施

软件故障主要指网络交换机的内部配置不正确，无法确保数据正常传输。通信中断的原因可能出现在某保护小室内所有保护装置、测控装置上。倘若所有空间保护设备和监控测试设备的通信全部断开，有很大可能是因为小室里面的交换机、光电转换机器和这个小室站控层所配备的光电转换器等网络传送装置发生了故障，导致整个小室大规模的通信罢工。要想解决问题必须先对网络传送装备及其与其他设备的连接端口进行仔细排查，采取相对应的措施。当发生软件故障时，应远程登录网络交换机，检查数据正确性。

3. 网络交换机安全防范案例

【案例 2.9】 对小室内部一个单元的保护设备进行维护工作，防止监控测试设备断开。首先需先做好安全隔离措施，保证不会影响其余间隔；其次，检查保护设备和保护管理机间的连接是否存在断开，保护管理机的通信指示灯是否存在异常，装置面板上是否出现异样，是否收到通信和设备故障的警戒；最后，进行维护工作，如加固机器之间的连接线以保证正常连接，重置一些设备设置或者重新开启设备等。根据电网网络交换机验收规范要求《变电站内通信网络和系统》（DL/T 860）、《35kV～500kV 变电站自动化系统验收规范》（DL/T 1101—2009），须严格按照标准进行外观识别、装置功能等验收。

【案例 2.10】 某供电局某变监控报全站通信中断，经现场检查发现，当地后台部分间隔报通信中断，交换机网口灯不闪烁，如图 2-21 和图 2-22 所示。

检修人员赶到现场发现交换机网口灯不闪烁，怀疑网络交换机故障，欲更换新交换机，更换交换机前提前联系调度许可，告知可能会上送无关信号，更换网络交换机后通信恢复正常，如图 2-23 所示。

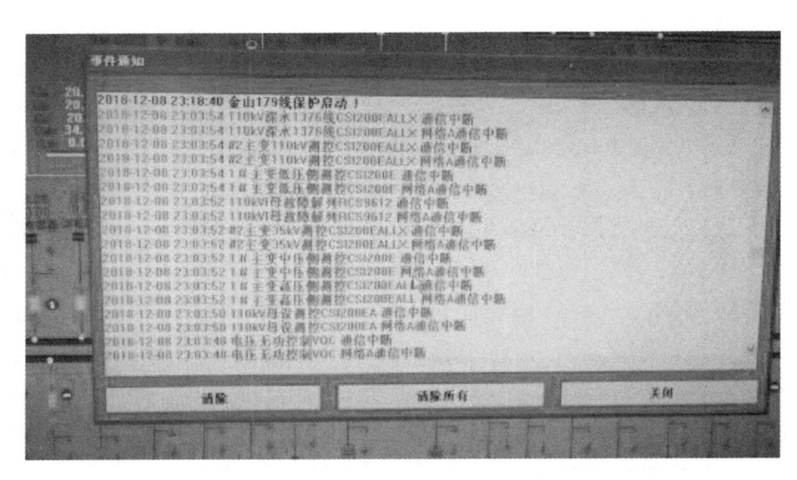

图 2-21　110kV 某变监控报全站通信中断

图 2-22　交换机网口灯不闪烁

图 2-23　通信恢复正常

全站通信中断的原因包括：①通信链路断链等；②站控层交换机损坏；③远动机损坏；④纵向加密装置损坏。建议从交换机依次 ping 通信链路上的各装置，以检查通信链路断点。

2.6 UPS

2.6.1 UPS 概述

UPS 即不间断电源，是把蓄电池和主机相连接，通过主机逆变器和其他一些电路设备把直流电模式转变成为依靠市电运作的系统设备。主要用于给单台计算机、计算机网络系统或其他电子电力装置（如压力变送机、电磁阀等）提供稳定连续的电力供应。如果市电输入正常，UPS 负责将市电稳压后供给负载使用，这时候 UPS 相当于交流式电源稳压器；当市电中断时，UPS 立即利用逆变器进行切换和转变，把电池中所存储的直流电力用于负载，向其传输 220V 的交流电，使得负载维持正常工作，防止负载的软件和硬件突然断电使设备受到损伤。UPS 装置一般可以在电压超出正常值的紧急情况下给予调节，其正常运行，能够确保变电站设备的运行正常。

2.6.2 UPS 安全防范措施

1. UPS 相关安全措施

UPS 应使用带有过电流保护的专用插座，专用插座应连接到保护地端。不论输入电源线有无插入市电插座，UPS 输出都有带电的可能性，为了保证 UPS 没有输出，要在关掉开关的条件下，再切断市电。通过后备方式输出 UPS 电源无论在市电还是在逆变器供电时均使用同一电源变压器，因此它的交流输出相线与中性线位置是确定不动的，在使用此种 UPS 的时候，输入市电的相线和中性线位置应当不能违反强制性规定。

UPS 电源输入、输出插座都要符合国家规定的交流电输入插座的连接方式。不允许出现不符合的情况，避免造成 UPS 电源或负载设备损坏的情况。UPS 电源只要一接通市电，就会自动对电池组充电，连续按开机键 1s 后就能开机，即打开逆变器。开机时 UPS 会在进行自检后启动旁路，在几秒钟后转换至逆变器输出，在逆变输出指示灯亮的时候，UPS 已经是市电模式；连续按关机键 1s 后，在市电的条件下进行关机，即关掉逆变器，关机时要进行 UPS 自检，逆变指示灯熄灭，此时 UPS 没有输出电压，但还要对电池组充电。在没有市电输入的情况下，按开机键超过 3s 就会启动 UPS 自检，然后转到逆变器输出，此时市电指示灯不亮，电池指示灯亮，保持按关机键超过 1s 就能关机。在关机的情况下，UPS 会开启自检，直到面板没有显示，UPS 才没有输出电压。

2. UPS 安全防范案例

【案例 2.11】 某变电站电动拉杆抽屉柜在前期出现故障已无法使用，电气人员到现场检查处理，并更换一个接触器，但开机后仍无法正常工作。说明故障未彻底查清，便交接至下一班处理。接班电气人员考虑到已经更换过一只接触器，习惯性地对另外一只接触器进行了简单测量，未发现短路现象便送电试机。试机时，抽屉柜发生放电，2号低压进线柜跳停，导致UPS母线电压低，UPS逆变器关机不动作，中控DCS系统失电（中控室电脑、服务器及现场窑头PC柜电源共用UPS），系统及矿山部分设备全线停机。

经检查抽屉柜发现已更换的接触器触点粘死、内部短路，作业人员未按照故障查找流程对故障进行处理是导致本次故障发生的主要原因。交接班制度执行不到位，故障未查明，且交代不清情况下便交接下一班次处理是故障发生的间接原因。UPS电源日常检查维护不到位，停电后蓄电池未及时供电是导致故障扩大的主要原因。

第3章

电力监控系统安全防范技术

3.1 数据网设备

3.1.1 数据网交换机

在计算机网络系统中，“交换”是相对于“共享”来说的。共享式网络中的主要网络设备是集线器，集线器不具备识别目的地址的功能，采用广播方式发送数据包。交换式网络中主要的网络设备是交换机，交换机拥有一条很高带宽的背部总线和内部交换矩阵，所有的端口都挂接在背部总线上，每一端口都独享交换机的一部分总带宽。

由于用中继器和集线器组成的共享总线局域网存在种种功能和性能上的缺点，这时，这个网络中的所有终端都处于同一个冲突域。特别是在网络中终端数量达到一定规模后，终端间发生冲突的概率也将达到一个不可忍受的程度，导致网络传输效率大幅度下降。因此后来产生了以交换机为核心的交换式局域网。

交换式局域网是指以交换机为中心，对数据进行存储转发的星状网络。交换机连接各终端的拓扑结构与集线器类似，但其工作原理与集线器有较大区别，交换式局域网也比共享总线局域网在性能上有很大提高。

交换机工作于 OSI 参考模型的第 2 层，即数据链路层。交换机能够识别数据帧中的物理地址（如以太网中的 MAC 地址），其主要功能如下：

（1）MAC 地址学习功能。MAC 地址是由 6 个字节组成的用以唯一标识一个网络结点的地址。交换机内部的 CPU 会在每个端口成功连接时，通过将 MAC 地址和端口对应，形成一张 MAC 地址表，使交换机能够智能地转发数据到目的结点。交换机的 MAC 地址学习功能基于数据帧的源 MAC 地址。当交换机刚加电时，它的 MAC 地址表是空的。交换机从某个端口接收到数据帧，首先查看 MAC 地址表是否存在发送设备的 MAC 地址与

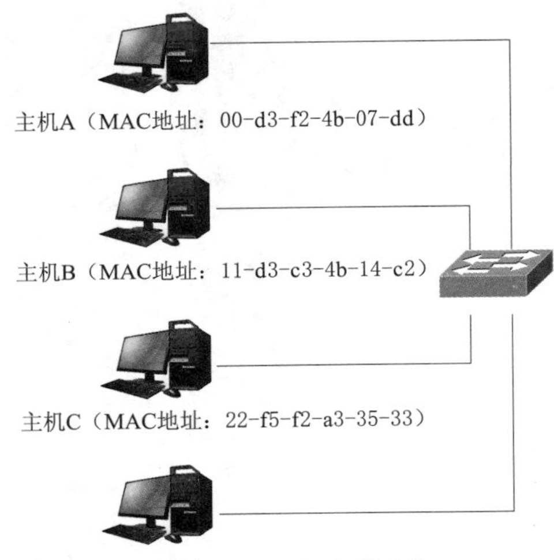

图 3－1　交换机工作原理

交换机接收端口之间的对应关系，若没有，则建立起该 MAC 地址表项。

（2）数据转发和过滤。在今后的通信中，交换机分析数据帧中的目的 MAC 地址，将数据帧的目的地址和 MAC 地址表比对，就知道该数据帧要去往与哪个端口相连的终端。然后将该数据帧仅送往其对应的端口，而不是所有的端口。

交换机工作原理如图 3－1 所示，可以得出，交换机在工作时采用“一进一出”方式，与集线器的“一进多出”方式有本质区别。因此交换式局域网大大减少了网络中的广播流量，减少了冲突域，提高了网络性能。其最大的优点就是能独享带宽。

如图 3－2 所示，当主机 A 将数据传给主机 B 时，主机 C 也同时将数据传给主机 D，它们各自有独立的数据通路。如每个端口支持的最大数据带宽为 100Mbit/s，则一个 24 端口交换机能够提供的总带宽为 $24/2\times10=1200$(Mbit/s)，这是在理想工作状态下的结果。当传输的路线有交集时，如主机 A 传输数据给主机 B，主机 C 同时也传输数据给主机 B，则线路就在主机 A 和主机 C 之间切换，此时两条数据传输线路只能共享 100Mbit/s 的带宽。此外，交换机还能够对数据进行存储转发，因此可以连接不同速率的线路，接收与发送数据不匹配时可以将数据缓存在交换内存中，等线路空闲时再将数据发送出去，而集线器只能连接同速率的线路。

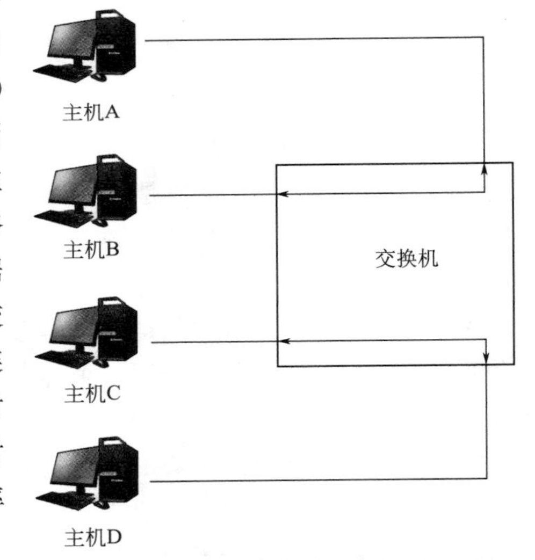

图 3－2　交换机内部数据流向图

综上所述，交换机工作在数据链路层，不仅能在物理上扩展局域网，还能在逻辑上划分冲突域，性能大大高于集线器，因此目前在局域网应用中交换机已经基本取代了集线器。

3.1.2　数据网路由器

IP 协议规定了包括逻辑寻址信息在内的 IP 数据报格式，使网络上的主机有了一个唯一逻辑地址标识，并为从源到目标的数据转发提供了必须的目标网络信息。但 IP 数据报只能告诉网络设备数据包要往何处去，还不能解决如何去的问题，而路由协议则提供了关于如何到达既定目标的路径信息。

路由器是指将数据包从一个设备通过网络发往另一个处在不同网络上的设备。在TCP/IP协议簇的体系结构中，路由功能在网络层通过路由器实现。路由器中有一个路由表，当其所连接的一个网络上的数据分组到达路由器后，路由器根据数据分组中的目的地址，参照路由表，以最佳路径把分组转发出去。

1. 路由的分类

根据路由表的生成方法，可将路由分为静态路由和动态路由两类。

静态路由，指网络管理员根据其所掌握的网络连通信息以手工配置方式的路由表表项。这种方式要求网络管理员对网络的拓扑结构和网络状态有清晰的了解，而且网络拓扑或状态发生变化时，静态路由的更新也要通过手工方式完成。静态路由通常被用于边缘网络，即和其他网络只有一个连接点的网络。显然，当网络互连规模大或网络中的变化因素增加时，依靠手工方式生成和维护一个路由表会变得不可想象的困难，同时静态路由也很难及时适应网络状态的变化。

动态路由，指路由协议通过自主学习获得路由信息，通过在路由器上运行动态路由协议，即可根据信道带宽、可靠性、延时、负载、跳数和费用等信息自动生成并维护正确的路由表，还可从周边路由器获取路由信息并进行同步。使用动态路由构建的路由表不仅能更好地适应网络状态的变化（如网络拓扑和网络流量的变化），同时也减少了人工生成与维护路由表的工作量。但为此付出的代价则是用于运行路由协议的路由器之间为了交换和处理路由更新信息而带来的资源耗费，包括网络带宽和路由器资源的占用。

常见的动态路由协议包括路由消息协议（routing information protocol，RIP）、内部网关路由协议（interior gateway routing protocol，IGRP）、最短路径优先协议（open shortest path first，OSPF）等。

2. 路由器工作原理与应用

路由器是专门用于实现网络层路由选择和数据转发功能的网络互联设备。一个网络内部一般不需要路由器，路由器更多地用于将局域网接入广域网以及多个网络互联。

路由器并不关心主机，只关心网络的位置以及通向每个网络的路径。路由器的某一个接口在收到IP数据包后，利用IP数据包中的IP地址和子网掩码计算出目标网络号，并将目标网络号与路由表进行匹配，即确定是否存在一条到达目标网络的最佳路径信息。若存在匹配，则将IP数据包重新进行封装并将其从路由器相应端口转发出去；若不存在匹配，则将相应的IP分组丢弃。上述查找路由表以获得最佳路径信息的过程被称为路由器的“路由”功能，而将从接受端口进来的数据在输出端口重新转发出去的功能称为路由器的“交换”功能。“路由”与“交换”是路由器的两大基本功能。

路由器的工作原理如图3-3所示。

在图3-3所示的拓扑图中，路由器A和路由器B所连接的对应接口和其IP地址见表3-1。

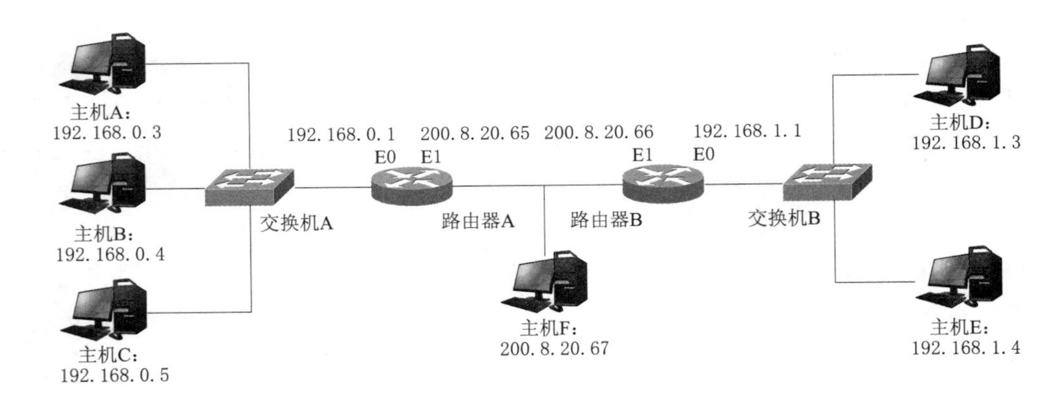

图 3-3 路由器工作原理

表 3-1 **网络拓扑中的路由器接口及其 IP 配置**

路 由 器	接 口	IP 地 址
路由器 A	E0	192.168.0.1
	E1	200.8.20.65
路由器 B	E0	192.168.1.1
	E1	200.8.20.66

此外，路由器的路由表中记录了每一个目的网络的下一跳地址和接口。例如，对于路由器 A 来说，网络 192.168.0.0 和 200.8.20.0 直接连接在 E0 和 E1 口上，而网络 192.168.1.0 没有直接连接在路由器 A 上，要想通向该网络，必须使用下一跳地址。路由器 A 的路由表见表 3-2。

表 3-2 **路 由 器 A 的 路 由 表**

目 的 网 络	下 一 跳 地 址	转 发 接 口
192.168.0.0	直连	E0
200.8.20.0	直连	E1
192.168.1.0	200.8.20.66	E1

路由器 B 的路由表见表 3-3。

表 3-3 **路 由 器 B 的 路 由 表**

目 的 网 络	下 一 跳 地 址	转 发 接 口
192.168.1.0	直连	E0
200.8.20.0	直连	E1
192.168.0.0	200.8.20.65	E1

当同一个网络中的主机进行数据传输时，例如，图 3-3 中的主机 A 要发送数据给主机 B，由于此时 IP 数据包中源 IP 在同一网络中，数据包不经过路由器而直接由交换机根

据 MAC 地址表转发。

当不同网络中的主机进行数据传输时，由路由器转发 IP 数据包。路由器接收到数据包后，如果目的 IP 所在的网络是直连网络，则直接从直连网络相应的接口转发。例如，主机 F 发送数据到主机 C，由于主机 F 所在的网络 200.8.20.0 和主机 C 所在的网络 192.168.0.0 不连在 E0 口上，因此将 IP 数据包从 E0 口上转发出去。

如果目的 IP 所在的网络也不是直连网络，则根据路由表将接收到的数据包转发到下一跳地址，由下一跳地址所在的路由器继续转发。例如主机 A 发送数据到主机 D，由于主机 A 所在的网络 192.168.0.0 和主机 D 所在的网络 192.168.1.0 不同，因此 IP 数据包首先被发送到路由器 A。路由器 A 在路由表中查询到网络 192.168.1.0 的下一跳地址是 200.8.20.66，下一跳地址的接口为 E1，因此将 IP 数据包从 E1 口上转发到 200.8.20.66，200.8.20.66 所在的路由器 B 的 E1 接口接收该数据包，并根据路由器 B 的路由表将该数据包从 E0 口发送到路由器 B 的直连目的网络 192.168.1.0。

从上述路由器的工作原理可以看出，路由器的路由表中只存放目的网络的相关信息，并没有主机的信息，路由器的工作任务主要是根据一定的算法和策略决定如何将来自一个网络的 IP 数据包转发到另一个网络，而在一个网络内部则由交换机将 IP 数据包封装成数据链路层的帧，再根据交换机的 MAC 地址表转发。

3.1.3 数据网设备安全技术

网络交换机作为内部网络的核心和骨干，交换机的安全性对整个内部网络的安全起着举足轻重的作用。目前市面上的大多数二层、三层交换机都有丰富的安全功能，以满足各种应用对交换机安全的需求。

在交换机安全方面主要有以下技术：

（1）虚拟局域网（virtual local area network，VLAN）技术。由于以太网是基于 CSMA/CD 机制的网络，不可避免地会产生包的广播和冲突，而数据广播会占用带宽，也影响安全，在网络比较大、比较复杂时有必要使用 VLAN 来减少网络中的广播。采用 VLAN 技术基于一个或多个交换机的端口、地址或协议将本地局域网分成组，每个组形成一个对外界封闭的用户群，具有自己的广播域，组内广播的数据流只发送给组内用户，不同 VLAN 间不能直接通信，组间通信需要通过三层交换机或路由器来实现，从而增强了局域网的安全性。

（2）交换机端口安全技术。交换机除了可以基于端口划分 VLAN 之外，还能将 MAC 地址锁定在端口上，以阻止非法的 MAC 地址连接网络。这样的交换机能设置一个安全地址表，并提供基于该地址表的过滤，只有在地址表中的 MAC 地址发来的数据包才能在交换机的指定端口进行网络连接。

在交换机端口安全技术方面，交换机支持设置端口的学习状态、端口最多学习 MAC 地址个数、端口和 MAC 地址绑定以及广播报文转发开关等地址安全技术。此外，还通过设置报文镜像、基于 ACL 的报文包数和字节数的报文统计、基于 ACL 的流量限制等技术来保障整个网络的安全。

（3）包过滤技术。随着三层及三层以上交换技术的应用，交换机除了对 MAC 地址过滤之外，还支持IP包过滤技术，能对网络地址、端口号或协议类型进行严格检查，根据相应的过滤规则，允许和/或禁止从某些节点来的特定类型的IP包进入局域网交换，扩大了过滤的灵活性和可选择的范围，增加了网络交换的安全性。

（4）交换机的安全网管理。为了方便远程控制和集中管理，中高档交换机通常都提供了网络管理功能。在网管型交换机中，其网管系统与交换系统相互独立，当网管系统出现故障时，不能影响网络的正常运行。

此外交换机的各种配置数据必须有保护措施，如修改默认口令、修改简单网络管理协议（simple network management protocol，SNMP）密码字，以防止未授权的修改。

（5）集成的入侵检测技术。由于网络攻击可能来源于内部可信任的地址，或者通过地址伪装技术欺骗MAC地址过滤，因此，仅依赖于端口和地址的管理无法杜绝网络入侵，入侵检测系统是增强局域网安全必不可少的部分。在高端交换机中将入侵检测代理或微代码增加在交换机中以加强其安全性。集成入侵检测技术目前遇到的一大困难是如何满足高速的局域网交换速度。

（6）用户认证技术。目前一些交换机支持PPP、Web和802.1x等多种认证方式。802.1x适用于接入设备与接入端口间点到点的连接方式，其主要功能是限制未授权设备通过以太网交换机的公共端口访问局域网。结合认证服务器可以完成用户的完全认证。目前一些交换机结合认证服务系统可以做到基于交换机、交换机端口、IP地址、MAC地址、VLAN、用户名和密码6个要素相结合的认证。基本解决IP地址盗用、用户密码盗用等安全问题。

要做好全面的内网安全，除了正确使用交换机的安全技术外，还应该修改交换机的缺省口令和管理验证字、禁止交换机上不需要的网络服务、防范交换环境下的网络监听、防范DoS攻击、使用入侵检测系统等。

此外可网管交换机上运行有交换机的操作系统，这些软件也会有代码漏洞，在漏洞被发现并报告后，可以通过厂商升级包或补丁及时弥补漏洞。

3.1.4 数据网设备安全防范措施

安全加固是指通过一定的技术手段，提高网络、主机以及业务系统的安全性和抗攻击能力。电力监控系统安全加固的基本要求是开放最少的服务、设置最小的权限、增加更多的审计。通过安全加固可以使电力监控系统在网络层、主机层以及应用层等层面更符合安全要求，消除安全隐患，降低安全风险。

安全加固主要是针对网络设备、操作系统（或主机系统）以及关系数据库进行加固，在电力监控系统的网络层、主机层等层次上建立符合安全需求的安全状态。安全加固工作主要是通过人工的方式进行的，也可以借助特定的安全加固工具进行。通过对网络设备的安全加固，可以提高电力监控系统在网络层面的安全防护水平。此处举例介绍网络设备安全加固内容。

1. 账户与口令策略配置

（1）账户配置管理。

1）应按照用户分配账号，避免不同用户间共享账号，避免用户账号和设备间通信使用的账号共享。

【配置步骤】

```
aaa
local - user user1 password cipher PWD1
local - user user1 service - type telnet
local - user user2 password cipher PWD2
local - user user2 service - type ftp
#
user - interface vty 0 4
authentication - mode aaa
```

2）网络设备命令级别共分为访问、监控、系统、管理 4 个级别，分别对应标识 0、1、2、3。配置登录默认级别为访问级（0 - VISIT）。

【配置步骤】

```
user - interface vty 0 4
user privilege level 0
user - interface aux 0 8
user privilege level 0
```

（2）口令配置管理。

1）通过控制台和远程终端，需要密码才能登录。口令长度至少 8 位，并应包括数字、小写字母、大写字母和特殊符号四类中至少两类，且 5 次以内不得设置相同的口令。密码应定期进行更换（更新周期不大于 90 天）。

【配置步骤】

```
user - interface vty 0 4
authentication - mode password
set authentication password cipher xxxxx
user - interface aux 0 8
authentication - mode password
set authentication password cipher xxxxx
```

2）用户可以无条件切换到比当前低的用户级别，但是当使用 AUX 或 VTY 用户界面登录，并且从低级别往高级别切换时，需要输入级别切换密码（级别切换密码可以通过 super password 命令设置）。如果输入的密码错误或者没有配置级别切换密码，切换操作就会失败。因此，在进行切换操作前，应先配置级别切换密码。

【配置步骤】

```
super password level 1 cipher password1
super password level 2 cipher password2
super password level 3 cipher password3
```

3）静态口令必须使用不可逆加密算法加密后保存于配置文件中。

【配置步骤】

super password level 3 cipher xxxxxx

local - user 8011 password cipher xxxxx

set authentication password cipher xxxxx

2. 日志与审计安全

（1）日志配置管理。设备应支持远程日志功能。所有设备日志均能通过远程日志功能传输到日志服务器。设备应支持至少一种通用的远程标准日志接口，如 SYSLOG、FTP 等。

【配置步骤】

system - view

info - center enable

info - center loghost x. x. x. x

（2）网络与端口策略配置。

1）IP 协议配置管理。对于使用 IP 协议进行远程维护的设备，设备应配置使用 SSH 等加密协议，关闭 telnet 协议。

【配置步骤】

ssh server enable

undo telnet server enable

user - interface vty 0 4

authentication - mode scheme

protocol inbound ssh

2）系统远程管理服务。telnet、SSH 默认可以接受任何地址的连接，出于安全考虑，应该只允许特定地址访问。

【配置步骤】

acl number xxxx

rule 1 permit source 192.168.0.0 0.0.255.255

user - interface vty 0 4

acl xxxx inbound

（3）SNMP 安全配置管理。

1）系统应修改 SNMP 的 Community 默认控制字段，通行字应符合口令强度要求。

【配置步骤】

snmp - agent community read xxxx （xxxx 不能为 public 和 private）

snmp - agent community write xxxx （xxxx 不能为 public 和 private）

2）系统应配置为 SNMP v2 或以上版本。

【配置步骤】

snmp - agent sys - info version xx （xx 不可为 all 或 v1）

3）设置 SNMP 访问安全限制，只允许特定主机通过 SNMP 访问网络设备。

【配置步骤】

acl number xxxx

rule 1 permit source 192.168.0.0 0.0.255.255

snmp－agent

snmp－agent community write（或 read）xxx acl xxxx

3. 其他安全配置管理

（1）关闭未使用的网络设备物理端口。

【配置步骤】

interface gx/x/x shutdown

（2）配置定时账号自动退出，退出后用户需再次登录才能进入系统。设置超时时间为 5min。

【配置步骤】

user－interface console 0

idle－timeout xx（分钟）xx（秒）

user－interface vty 0 4

idle－timeout xx

user－interface aux 0

idle－timeout xx xx

（3）关闭网络设备不必要的服务，如 FTP、telnet、HTTP 服务等。

【配置步骤】

undo ftp server enable

undo http server enable

undo telnet server enable

4. 典型案例

（1）内部交换机违规接入互联网。

1）告警信息。某光伏电厂实时纵向加密认证装置发出紧急告警：不符合安全策略的访问，×.×.219.8 至×.×.104.149 访问×.×.104.191 至×.×.12.1。

2）原因分析。源 IP 地址×.×.219.8 至×.×.104.149，目的地址×.×.104.191 至×.×.12.1 均为互联网地址，目的端口不固定。经现场排查，该电厂的内网交换机同时连接调度数据网交换机和外部互联网，导致大量的互联网数据包经内网交换机窜入调度数据网被纵向加密认证装置拦截。其拓扑结构如图 3－4 所示。

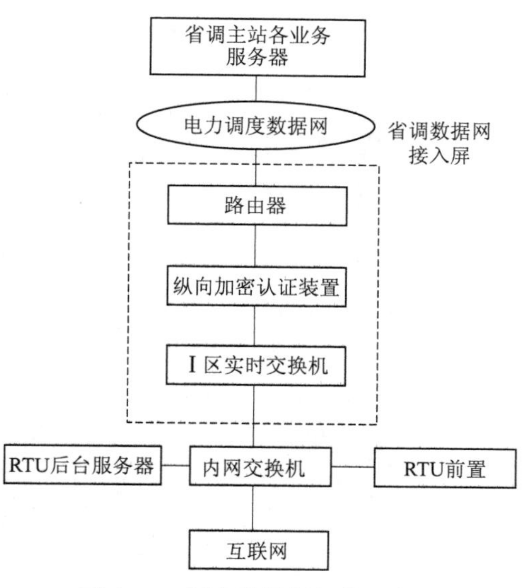

图 3－4　调度数据网拓扑示意图

3）解决方案。断开站内网络与电力调度

数据网之间的网络连接，断开光伏电站内部网络与互联网的网络连接。对该光伏电站的内部网络结构进行整治，对站内服务器等计算机设备进行全面的排查、病毒查杀及安全加固，经验收复查无问题后再重新接入电力调度数据网。

(2) 外部设备违规接入导致异常访问。

1) 告警信息。某换流站实时纵向加密认证装置发出紧急告警：不符合安全策略的访问，×.×.1.10 访问×.×.199.81 至×.×.255.250 间的 170 个地址，目的端口不固定。

2) 原因分析。×.×.1.10 为该换流站频率协控系统子 IP 地址，目标为非业务 IP 地址，目的端口不固定。经核查，告警发生期间该换流站正在开展业务系统的调试工作。某厂家程人员擅自将用笔记本电脑改为频率协控系统子站 IP 地址，接入实时交换机进行通道测试。该调试电脑中安装有 360 安全卫士等应用软件，在接入数据网交换机进行调试过程中，笔记本的 360 安全卫士等软件开启了自动更新功能，尝试自动访问×.×.199.81 至×.×.255.250 的 170 个外网地址进行更新升级，其发出的更新报文被纵向加密认证装置拦截产生告警。

3) 解决方案。断开调试笔记本与调度数据网的络连接。加强现场运维安全风险管控，完善现场标准化作业指导书及现场工作细则，强化厂家调试人员现场作业的安全教育，配备专用调试电脑并规范其使用，严禁外部厂家携带个人电脑随意接入生产控制大区。

(3) 保信子站默认网关产生告警。

1) 告警信息。2018 年 4 月 12 日，某 110kV 变电站地调接入网实时纵向加密装置发出告警：×.×.126.1 访问×.×.100.255 的 TCP16888 端口不符合安全策略被拦截。

2) 原因分析。通过源地址确认告警由现场保信子站引起，目的地址不明，先将端口关闭并立即安排现场消缺，经现场检查，发现保信子站操作系统是 Linux 系统且路由配置有问题，使用命令 route -n 查看当前系统网关配置，发现存在目的地址为 0.0.0.0 的默认网关，如图 3-5 所示。进一步使用 netstat -an 等命令发现保信子站服务器内置某程序存在访问×.×.100.255 地址的 16888 端口，在网络配置中删除所有的默认网关地址。删

```
Kernel IP routing table
Destination     Gateway         Genmask         Flags Metric Ref    Use Iface
16.102.175.32   0.0.0.0         255.255.255.240 U     0      0        0 eth2
16.135.78.32    0.0.0.0         255.255.255.240 U     0      0        0 eth3
16.10.3.0       16.102.175.46   255.255.255.0   UG    0      0        0 eth2
10.16.3.0       16.135.78.46    255.255.255.0   UG    0      0        0 eth3
198.120.4.0     0.0.0.0         255.255.255.0   U     0      0        0 eth4
198.120.5.0     0.0.0.0         255.255.255.0   U     0      0        0 eth5
198.120.0.0     0.0.0.0         255.255.255.0   U     0      0        0 eth0
198.120.1.0     0.0.0.0         255.255.255.0   U     0      0        0 eth1
169.254.0.0     0.0.0.0         255.255.0.0     U     0      0        0 eth5
0.0.0.0         16.135.78.46    0.0.0.0         UG    0      0        0 eth3
[nari@pdc2 bin]$ sudo route del default gw 16.135.78.46
[nari@pdc2 bin]$ route -n
Kernel IP routing table
Destination     Gateway         Genmask         Flags Metric Ref    Use Iface
16.102.175.32   0.0.0.0         255.255.255.240 U     0      0        0 eth2
16.135.78.32    0.0.0.0         255.255.255.240 U     0      0        0 eth3
16.10.3.0       16.102.175.46   255.255.255.0   UG    0      0        0 eth2
10.16.3.0       16.135.78.46    255.255.255.0   UG    0      0        0 eth3
198.120.4.0     0.0.0.0         255.255.255.0   U     0      0        0 eth4
198.120.5.0     0.0.0.0         255.255.255.0   U     0      0        0 eth5
198.120.0.0     0.0.0.0         255.255.255.0   U     0      0        0 eth0
198.120.1.0     0.0.0.0         255.255.255.0   U     0      0        0 eth1
169.254.0.0     0.0.0.0         255.255.0.0     U     0      0        0 eth5
[nari@pdc2 bin]$
```

图 3-5 主机路由表

除只是临时的，重启机器后默认网关会恢复，要永久生效则需要修改配置文件中的网关配置。重新核准网关的路由配置，将访问调度数据网地址的明细添加在/etc/rc. local 文件中，重启机器后告警消失。

3）解决方案。现场保信子站网络配置为默认网关，采用默认网关的方式时，变电站站内其他机器发送给网关机的非站内局域网目标的网络报文会转发到调度数据网，应将默认网关修改为静态路由，删除默认网关，避免此类告警。

3. 2　纵向加密认证装置

纵向加密认证装置用于生产控制大区的广域网边界防护，为广域网提供认证与加密功能，实现数据传输的机密性、完整性保护，同时具有安全过滤功能。

3. 2. 1　加密算法技术

1. 通用软件加密算法技术

（1）对称加密算法。纵向加密认证装置所采用的对称加密算法主要分为电子密码本（electronic code book，ECB）算法模式和加密块链（cipher block chaining，CBC）算法模式。其中 ECB 用于纵向加密认证装置与管理中心之间数据的加解密，CBC 用于业务系统之间数据的加解密。

ECB 的原理是将加密的数据分成若干组，每组的大小与加密密钥长度相同，每组都用相同的密钥进行加密，如图 3－6 所示。

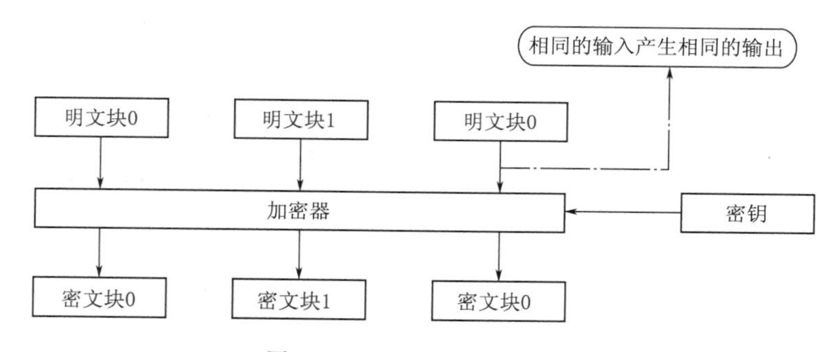

图 3－6　ECB 对称加密算法

CBC 首先将明文分成固定长度的块，然后将前面一个加密块输出的密文与下一个要加密的明文块进行异或操作，再将计算结果密钥进行加密得到密文，如图 3－7 所示。第一明文块加密时，因为前面没有加密的密文，所以需要一个初始化向量。与 ECB 不同，CBC 通过连接关系，使得密文跟明文不再是一一对应的关系，破解起来更困难，避免了 ECB 无法隐藏明文的弱点。

（2）非对称加密算法。纵向加密认证装置所采用的非对称加密算法主要为 RSA、SM2，其用于纵向加密认证装置之间的密钥协商。RSA 是目前国际应用较为广泛的公钥加密算法，SM2 是国家密码管理局发布的椭圆曲线公钥密码算法。随着密码技术的发展，

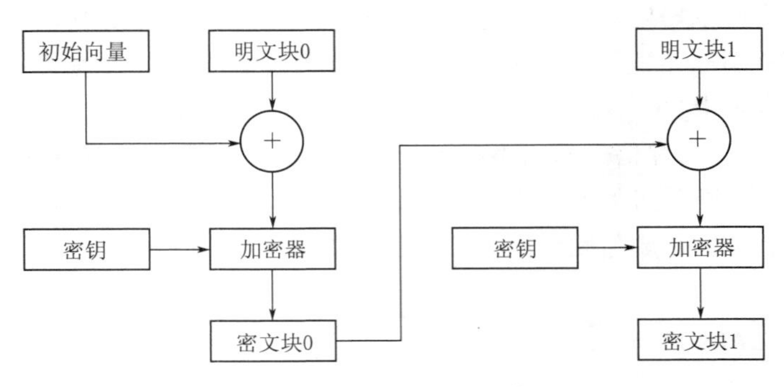

图 3-7 CBC 对称加密算法

有关部门提出需逐步采用 SM2 椭圆曲线算法代替 RSA 算法，满足密码产品国产化要求。RSA 与 SM2 算法比较见表 3-4。

表 3-4 RSA 与 SM2 算法比较

比较项	RSA	SM2
标准规范	国际算法	国密算法
是否公开	是	是
安全性	中(2010 年后，1024 位的 RSA 被认为安全性不足)	高(SM2 强度比 2048 位的 RSA 更高)
运算速度	慢	比 1024 位的 RSA 快很多

2. 高性能电力专用硬件加密技术

纵向加密认证装置采用了国家密码管理局自主研制开发的高性能电力专用硬件密码单元。该密码单元采用电力专用密码算法，支持身份鉴别、信息加密、数字签名和密钥生成与保护。为了保证密钥和密码算法的安全性，纵向加密认证装置的密钥及算法仅存在于系统密码处理单元的安全存储区中，与应用系统完全隔离，不能通过任何非法手段进行访问。电力专用硬件密码单元在国家密码管理局指定的军方研究机构完成硬件生产后，由国家密码管理局完成关键参数灌注，并严格限制其销售渠道。密码单元的安全保密强度及相关软硬件实现性能定期经国内专家评审，确保其安全性。

3.2.2 数字证书系统

电力调度数字证书系统是面向电力调度相关业务提供数字证书、安全标签的签发及管理服务的信息安全基础设施，主要用于数字证书和安全标签的申请、审核、签发、撤销、发布及管理，同时具备密钥管理、系统安全管理等功能。数字证书系统为电力监控系统及电力调度数据网上的各个应用、所有用户和关键设备提供数字证书服务，主要用于生产控制大区。

电力监控系统中使用的分布式数字证书认证体系和通用经典数字证书体系有所不同，通用经典数字证书体系适用于用户较多的共用系统，通过 RA（注册中心）实现 CA（认证中心）证书发放、管理的延伸功能，并提供 Web 服务供用户进行证书的在线签发操作，涉及部署 CA 服务器、RA 服务器、证书发布服务器等。考虑到电力调度数字证书系统的用户数量有限，为进一步提升密钥在签发过程中的安全性，电力调度数字证书系统省去了OCSP（证书在线认证）环节，缩减了RA功能，并对其存储功能进行了优化。电力调度数字证书系统将需要的功能完全集成在一台设备中，通过单级、离线工作方式，实现CA的所有功能。证书管理及配置操作均以本机访问模式进行，不得以任何方式接入任何网络。电力调度数字证书架构如图3-8所示。

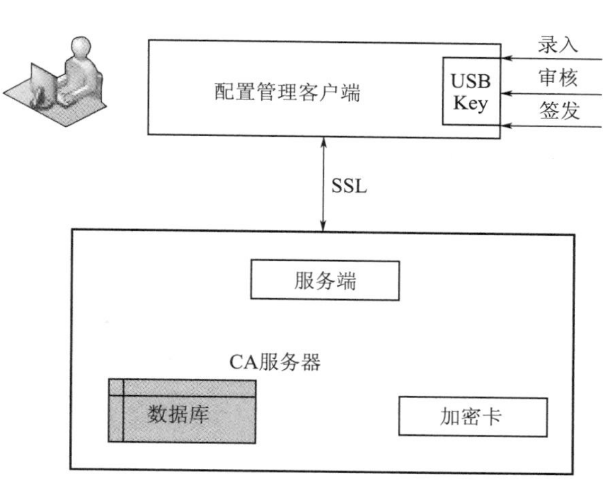

图3-8 电力调度数字证书架构图

图3-8中，CA服务器是数字证书系统的核心部分，主要负责证书的签发/注销、证书的存储管理等。本地配置管理客户端是基于JAVA语言开发的GUI配置界面，实现管理员对证书录入、审核、签发的操作管理。根据相关要求，电力调度数字证书系统应统一规划信任体系，各级电力调度数字证书用于颁发本调度中心及调度对象相关人员、程序和设备证书，上下级电力调度数字证书系统应通过信任链构成认证体系，省级以上调度中心和有实际业务需要的地区调度中心应建立电力调度数字证书系统。目前电力调度数字证书通过证书信任链构成了三层树状逻辑结构，并已在地级以上调度中心建立了电力调度数字证书三级信任体系，如图3-9所示。

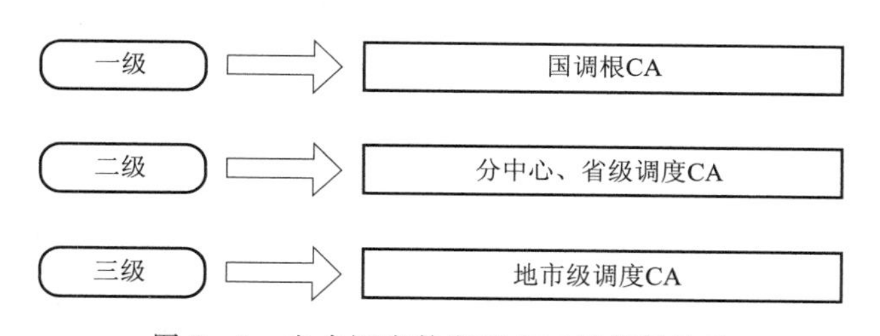

图3-9 电力调度数字证书三级信任体系

第一级CA，是国网公司自签名的国调根CA，以此为依据为二级CA等签发根证书；第二级CA，是由国调根CA签发的二级调度CA，该级别CA应用于国网公司分中心及省级单位；第三级CA，是由二级调度CA签发的三级调度CA，该级别CA应用于地市级单位，是三级认证体系中最低级别的CA。

电力调度数字证书自带标签管理程序，对当地的服务主体（服务请求者）和客体（服务提供者）进行安全标签管理。安全标签中包含：

（1）32字节身份标签，包括行政编码、角色编码、应用编码和保留位。

（2）16字节证书序列号，符合调度证书服务系统签发的证书序列号编制。

（3）8字节有效期，表示安全标签的有效终止日期，应小于等于所对应数字证书的有效期。

(4) 128 字节签名，数字签名，如图 3－10 所示。原文信息通过哈希算法进行加密压缩形成杂凑值，然后对杂凑值用公开密钥算法中的发送方私钥进行加密，形成数字签名，再发给接收方，接收方进行签名验证。签名验证是指接收方用发送方的公钥对数字签名进行验签，得出杂凑值，同时接收方用同一个哈希算法，对原文进行压缩计算，得到一新的杂凑值，再对两者进行比较的过程。

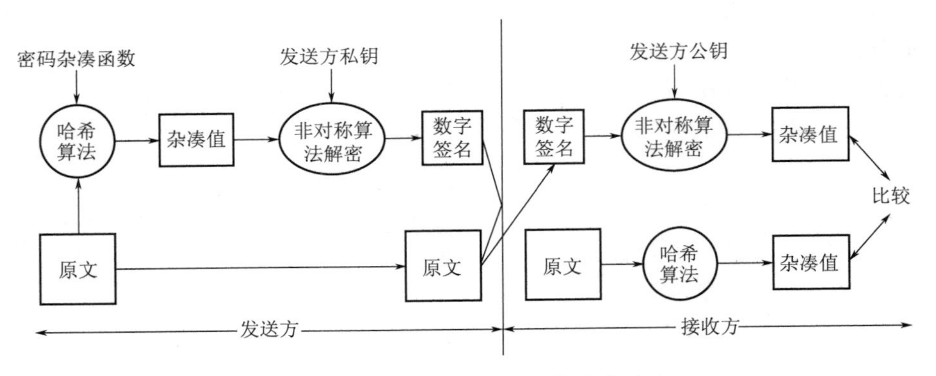

图 3－10　数字签名的生成及验证

如图 3－11 所示，首先用户产生或向 CA 服务器申请用户密钥对，其中私钥安全保存，将公钥和相关用户信息进行哈希运算（sha－1、MD5、SM3），生成杂凑值。利用 CA 的私钥与已生成的杂凑值进行非对称算法加密，并生成有效的数字签名。该签名值与用户身份信息进行拼接，生成该用户的数字证书。由于在签名运算中，输入数据包括用户公钥、姓名等重要的用户信息，因此保证了生成的数字证书中各部分信息的真实有效。

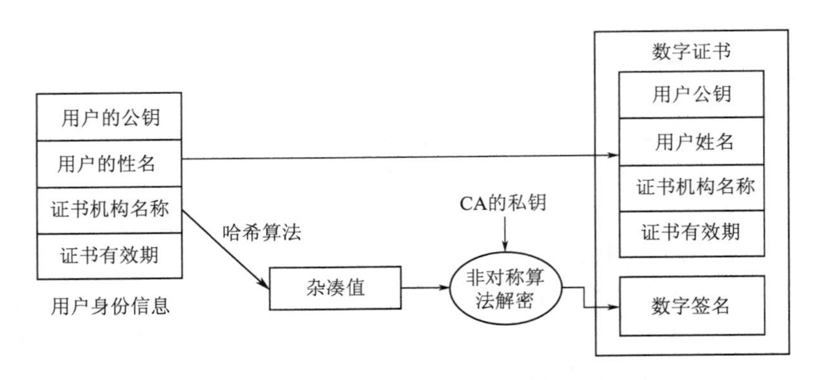

图 3－11　数字证书签发流程

3.2.3　纵向加密安全防范措施

1. 明通模式

当对端通信节点没有部署加密网关时，可以采用明通模式。此时加密网关具备硬件防火墙的基本功能，只转发配置通信策略的报文实现报文过滤，但数据不能进行加密保护，明通模式典型网络拓扑如图 3－12 所示，配置包含系统配置、网络配置、路由配置、隧道配置和策略配置，具体如图 3－13～图 3－17 所示。

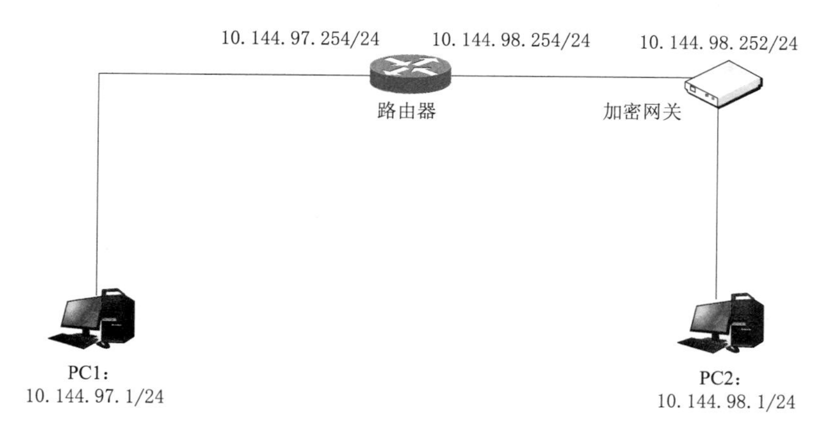

图 3－12　明通模式典型网络拓扑

系统配置

加密网关名称	加密网关地址	远程地址	系统类型	证书
naritest	10.144.98.252	10.144.98.180	日志审计	xjsmc.cer

图 3－13　明通模式系统配置

网络配置

网络接口	接口类型	IP地址	子网掩码	接口描述/桥...	VLAN ID
eth0	PRIVATE	10.144.98.252	255.255.255.0	private	0
eth1	PUBLIC	10.144.98.252	255.255.255.0	public	0

图 3－14　明通模式网络配置

路由配置**注意策略路由（路由能够根据IP源地址来选择转发路径）属于高级选项...

路由名称	网络接口	VLANID	目的网络	目的掩码	网关地址	策略路...	源地...	源地...
name	eth1	0	10.144.97.0	255.255.255.0	10.144.98.254			

图 3－15　明通模式路由配置

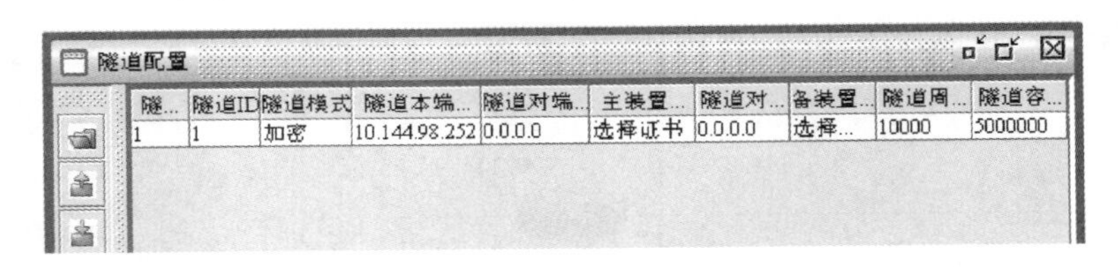

隧道配置

隧...	隧道ID	隧道模式	隧道本端...	隧道对端...	主装置...	隧道对...	备装置...	隧道周...	隧道容...
1	1	加密	10.144.98.252	0.0.0.0	选择证书	0.0.0.0	选择...	10000	5000000

图 3-16 明通模式隧道配置

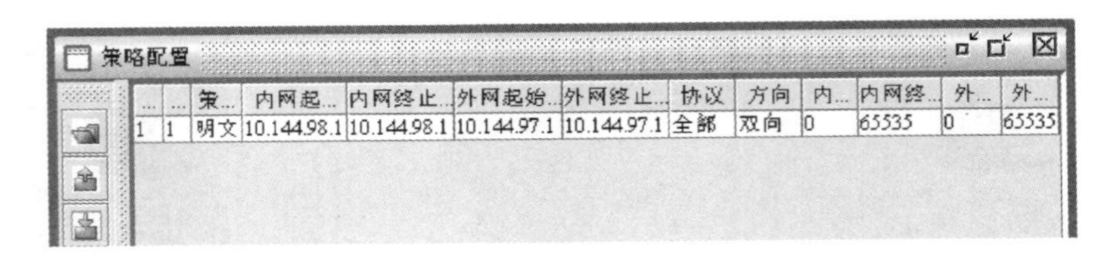

策略配置

...	...	策...	内网起...	内网终止...	外网起始...	外网终止...	协议	方向	内...	内网终...	外...	外...
1	1	明文	10.144.98.1	10.144.98.1	10.144.97.1	10.144.97.1	全部	双向	0	65535	0	65535

图 3-17 明通模式策略配置

2. 网桥模式

当加密网关具备多进多出功能时，需要对装置的网桥模式进行配置。典型网络拓扑如图 3-18 所示。假设加密网关 1 启动网桥功能，以加密网关 1 为例，策略配置如下：

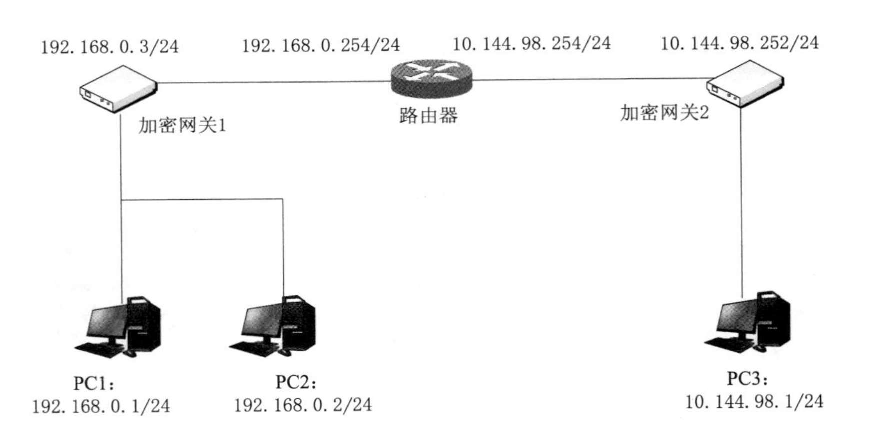

图 3-18 网桥模式典型网络拓扑

(1) 系统配置，如图 3-19 所示。

系统配置

加密网关名称	加密网关地址	远程地址	系统类型	证书
naritest	192.168.0.3	192.168.0.100	日志审计	zj-dms.cer

图 3-19 网桥模式系统配置

(2) 网桥设置，如图 3－20 所示。这里将装置的 eth0、eth1、eth2 划分在一个桥接组中，定义虚拟网卡名称为 mybridge，保存后的界面如图 3－21 所示，网卡 ID 是根据用户选择的各个网卡所得到的一个值。

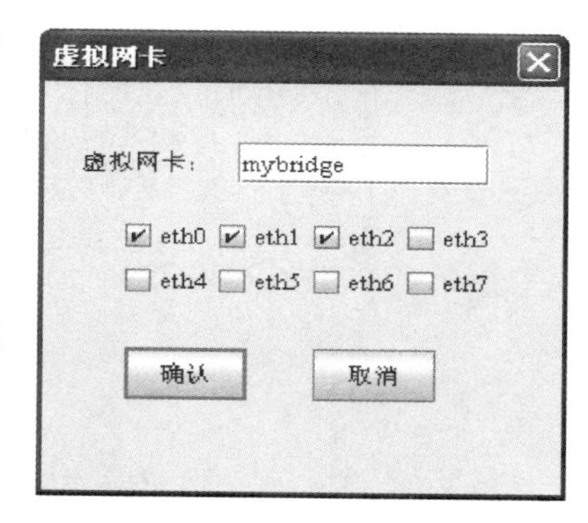

图 3－20 网桥模式桥接接口配置

(3) 网络配置，如图 3－22 所示。先设置两个虚拟网络接口 eth0、eth1，接口类型分别为 PRIVATE 和 PUBLIC，再设置一个虚拟网络接口 eth2，接口类型为 PUBLIC，这三个接口地址随意填；然后设置桥的网络接口，接口类型为 BRIDGE，接口描述为桥接配置中设置的虚拟网卡的名称 mybridge，将分配的 IP 地址作为桥的 IP 地址，具体配置界面如图 3－22 所示。

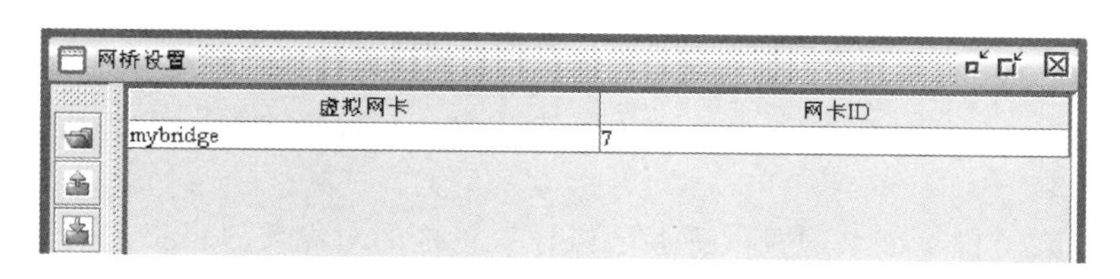

网桥设置

虚拟网卡	网卡ID
mybridge	7

图 3－21 网桥模式网桥配置

网络配置

网络接口	接口类型	IP地址	子网掩码	接口描述/桥...	VLAN ID
eth0	PRIVATE	1.1.1.1	255.255.255.0	private	0
eth1	PUBLIC	1.1.2.1	255.255.255.0	public	0
eth2	PUBLIC	1.1.3.1	255.255.255.0	public	0
BRIDGE	BRIDGE	192.168.0.3	255.255.255.0	mybridge	0

图 3－22 网桥模式网络配置

(4) 路由配置，如图 3－23 所示。路由网络接口需要手动双击该单元表格，输入 mybridge，即定义的桥的名称，网关地址为 192.168.0.254（拓扑图中未标注），由路由器完成不同网段之间的数据转发。

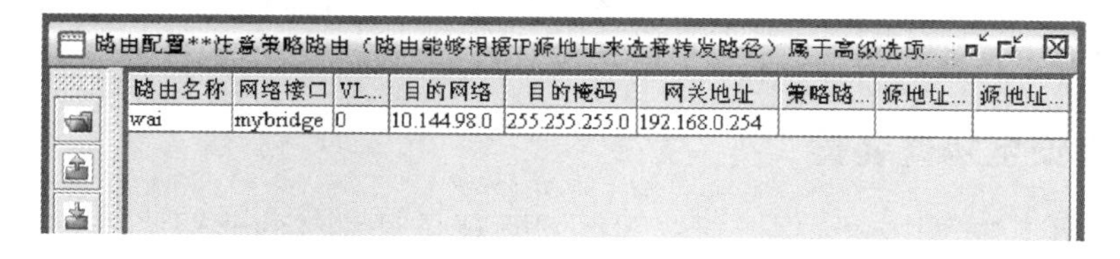

路由配置**注意策略路由（路由能够根据IP源地址来选择转发路径）属于高级选项...

路由名称	网络接口	VL...	目的网络	目的掩码	网关地址	策略路...	源地址...	源地址...
wai	mybridge	0	10.144.98.0	255.255.255.0	192.168.0.254			

图 3－23 网桥模式路由配置

(5) 隧道配置，如图 3－24 所示。

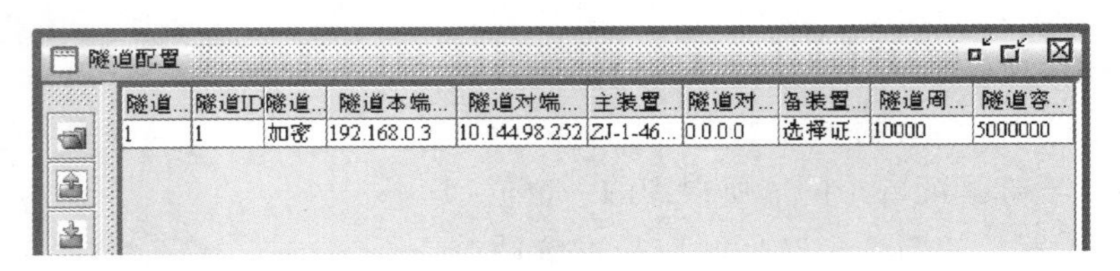

图 3-24　网桥模式隧道配置

3. 典型案例

(1) 纵向装置报“证书不存在”告警。

1) 告警信息。某变电站实时纵向加密认证装置发出告警：隧道建立错误，本地隧道×.×.81.124与远端隧道×.×.11.32的证书不存在。

2) 原因分析。隧道本端地址×.×.81.124为该变电站实时纵向加密认证装置的地址，远端隧道×.×.11.32为地调主站侧实时纵向加密认证装置的地址。远端配置了本端证书及隧道，并发起协商报文，本端纵向加密认证装置收到了远端纵向加密认证装置的隧道协商报文，但由于本端没有导入对端装置的证书，导致本端纵向装置发出“证书不存在”告警。

3) 解决方案。检查证书配置，确保已经导入正确的对端装置证书。

(2) 纵向装置报“隧道没有配置”告警。

1) 告警信息。某变电站实时纵向加密认证装置发出告警：隧道建立错误，本地隧道×.×.68.28与远端隧道×.×.177.123的隧道没有配置。

2) 原因分析。本端隧道×.×.68.28为该变电站实时纵向加密认证装置的地址，远端隧道×.×.177.123为地调主站侧实时纵向加密认证装置的地址。×.×.68.28的纵向加密认证装置收到了×.×.177.123纵向加密认证装置的隧道协商报文，而本端隧道没有配置对端的隧道或者配置对端隧道地址错误，导致本端纵向加密认证装置发出“隧道没有配置”告警。

3) 解决方案：①检查隧道配置，确保装置配置了到对端的隧道；②检查隧道配置，确保隧道下的本地地址以及远程地址配置正确。

3.3 横向安全隔离装置

电力专用横向安全隔离装置是电力监控系统安全防护体系的横向防线，作为生产控制大区与管理信息大区之间的必备边界防护措施，是横向防护的关键设备。

3.3.1 正向安全隔离装置

正向安全隔离装置用于从生产控制大区到管理信息大区的非网络方式的单向数据传输，以实现两个安全区之间的安全数据交换，并且保证安全隔离装置内外两个处理系统不同时连通，其支持的主要功能如下：

(1) 支持透明工作方式，如虚拟主机IP地址、隐藏MAC地址等。

(2) 基于MAC、IP、传输协议、传输端口以及通信方向的综合报文过滤与访问控制。

(3) 防止穿透性TCP连接，禁止两个应用网关之间直接建立TCP连接，应将内外两个应用网关之间的TCP连接分解成内外两个应用网关分别到隔离装置内外网卡的TCP虚拟连接，隔离装置内外网卡在装置内部是非网络连接，且只允许数据单向传输。

(4) 具有可定制的应用层解析功能，支持应用层特殊标记识别。

(5) 安全、方便的维护管理方式，如基于证书的管理人员认证、图形化的管理界面等。

3.3.2 反向安全隔离装置

反向安全隔离装置用于从管理信息大区到生产控制大区的非网络方式的单向数据传输，是管理信息大区到生产控制大区的唯一数据传输途径。其支持的主要功能如下：

(1) 应用网关功能，实现应用数据的接收与转发。

(2) 应用数据内容有效性检查功能。

(3) 基于数字证书的数据签名/解签名功能。

(4) 实现两个安全区之间的安全数据传递。

(5) 支持透明工作方式，如虚拟主机IP地址、隐藏MAC地址等。

(6) 基于MAC、IP、传输协议、传输端口以及通信方向的综合报文过滤与访问控制。

3.3.3 横向安全隔离安全防范措施

横向安全隔离是电力监控系统安全防护体系中重要的一环，需要部署在生产控制大区与管理信息大区之间，隔离强度迎接近或达到物理隔离，典型部署位置如图3-25所示。本节分别以正、反向安全隔离装置为例，在二层交换模式、三层交换模式中分别提供配置参考说明。

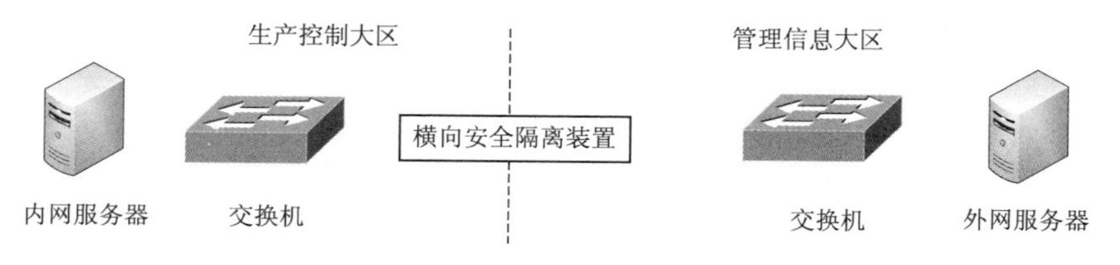

图3-25 横向安全隔离典型部署位置

1. 正向安全隔离装置典型配置

(1) 二层交换模式。内网主机为客户端，IP地址为192.168.0.1，虚拟IP为10.144.0.2，外网主机为服务端，IP地址为10.144.0.1，虚拟IP为192.168.0.2，假设Server程序数据接收端口为1111，隔离装置内外网卡都使用eth1，正向安全隔离装置二层交换模式拓扑如图3-26所示。

正向安全隔离装置二层交换模式配置参考如图3-27所示。

(2) 三层交换模式。内网(EMS) 101号网段主机为客户端，IP地址为192.1.101.1；外网(DMIS) 1号网段主机为服务端，IP地址为172.17.1.104。假设Server程序数据接

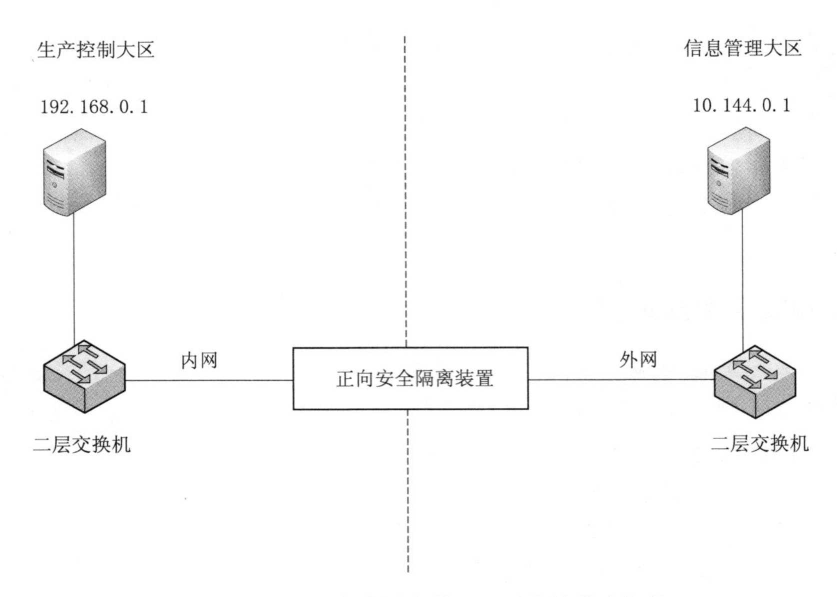

图 3－26 正向安全隔离装置二层交换模式拓扑

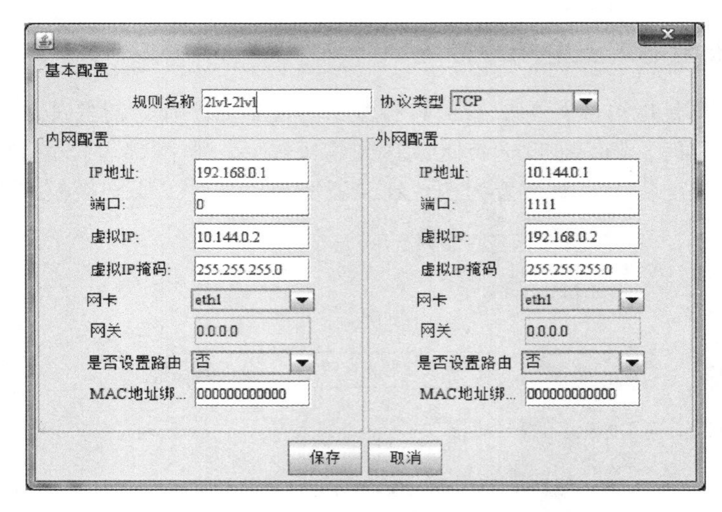

图 3－27 正向安全隔离装置二层交换模式配置参考

收端口为 1111，安全隔离装置内外网卡都使用 eth1。内网划分为 2 个网段（20 号网和 101 号网），外网也划分为 2 个网段（1 号网和 4 号网），三层交换机做了路由使得这两个网段可以互通。安全隔离装置的内网口与内网 20 号网段相连，连接端的 IP 地址为 192.1.20.254，安全隔离装置的外网口与外网 4 号网段相连，连接端的 IP 地址为 172.17.4.16。内网 101 号网段主机的虚拟 IP 设置为外网 4 号网段的 IP 地址 172.17.4.31，外网 1 号网段主机的虚拟 IP 设置为内网 20 号网段的 IP 地址 192.1.20.31。正向安全隔离装置三层交换模式拓扑如图 3－28 所示。

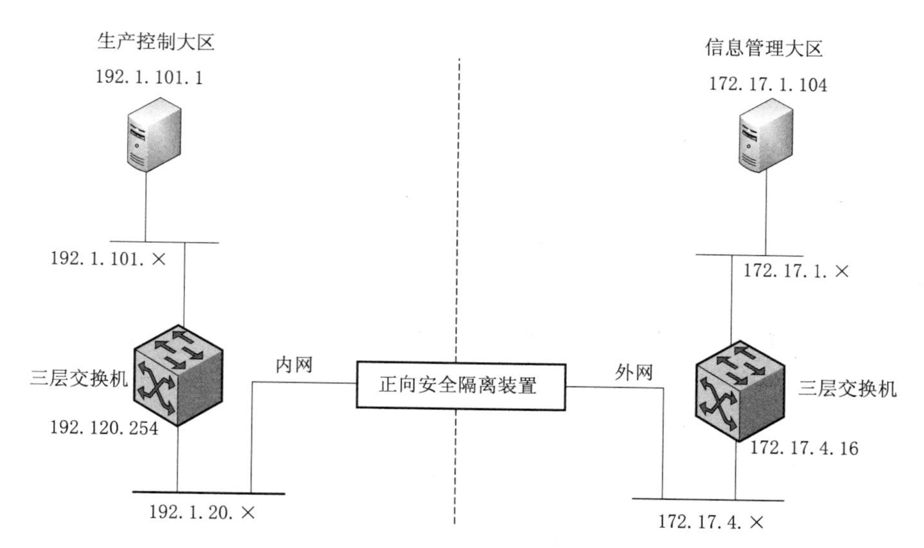

图 3-28　正向安全隔离装置三层交换模式拓扑

正向安全隔离装置三层交换模式配置参考如图 3-29 所示。

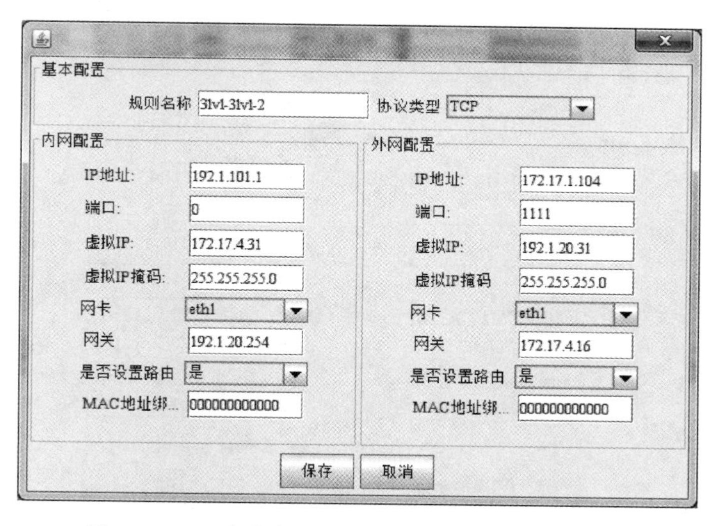

图 3-29　正向安全隔离装置三层交换模式配置参考

2. 反向安全隔离装置典型配置

(1) 二层交换模式。内网主机为服务端，IP 地址为 192.168.0.1，虚拟 IP 为 10.144.0.2；外网主机为客户端，IP 地址为 10.144.0.1，虚拟 IP 为 192.168.0.2，假设 Server 程序数据接收端口为 9898，隔离装置内外网卡都使用 eth1。在二层交换模式下，通信规则的配置原则如下：外网虚拟 IP 地址须与内网 IP 地址为同一网段，内网虚拟 IP 地址须与外网 IP 地址为同一网段，且虚拟地址必须在真实网络环境中没有被其他的主机和业务系统占用。反向安全隔离装置二层交换模式拓扑如图 3-30 所示。

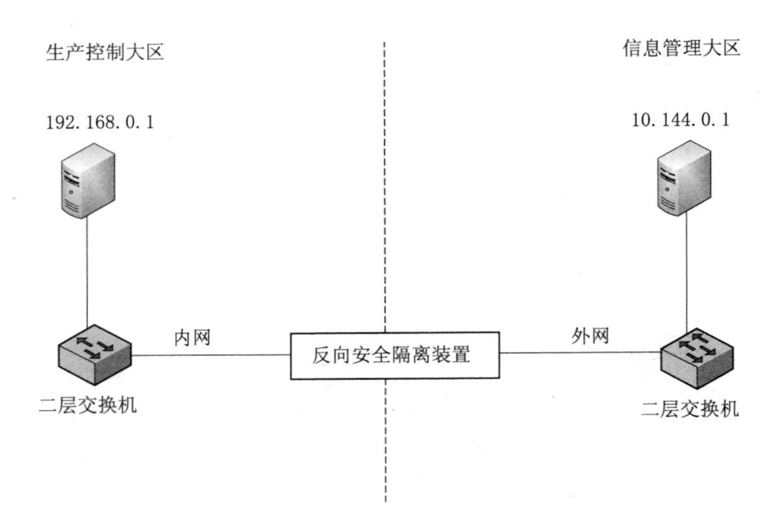

图 3-30　反向安全隔离装置二层交换模式拓扑

反向安全隔离装置二层交换模式配置参考如图 3-31 所示。

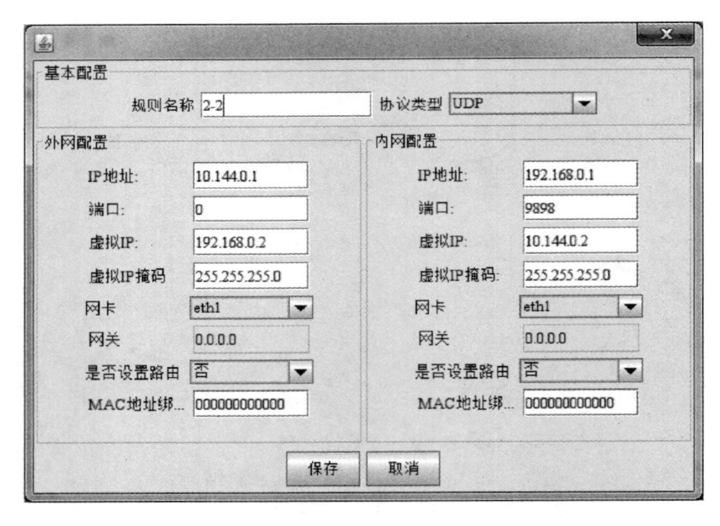

图 3-31　反向安全隔离装置二层交换模式配置参考

（2）三层交换模式。内网 101 号网段主机为服务端，IP 地址为 192.1.101.1，外网 1 号网段主机为客户端，IP 地址为 172.17.1.104，假设内网 Server 程序数据接收端口为 9898，安全隔离装置内外网卡都使用 eth1。内网划分为 2 个网段（20 号网和 101 号网），外网也划分为 2 个网段（1 号网和 4 号网），三层交换机做了路由使得这两个网段可以互通。安全隔离装置的内网口与内网 20 号网段相连，连接端的三层交换机网关地址为 192.1.20.254；安全隔离装置的外网口与外网 4 号网段相连，连接端的三层交换机网关地址为 172.17.4.16。本例中需在安全隔离装置的内网侧和外网侧同时设置虚拟路选项，即将相应的是否设置路由都选择为“是”，并填写两侧的网关。反向安全隔离装置三层交换模式拓扑如图 3－32 所示。

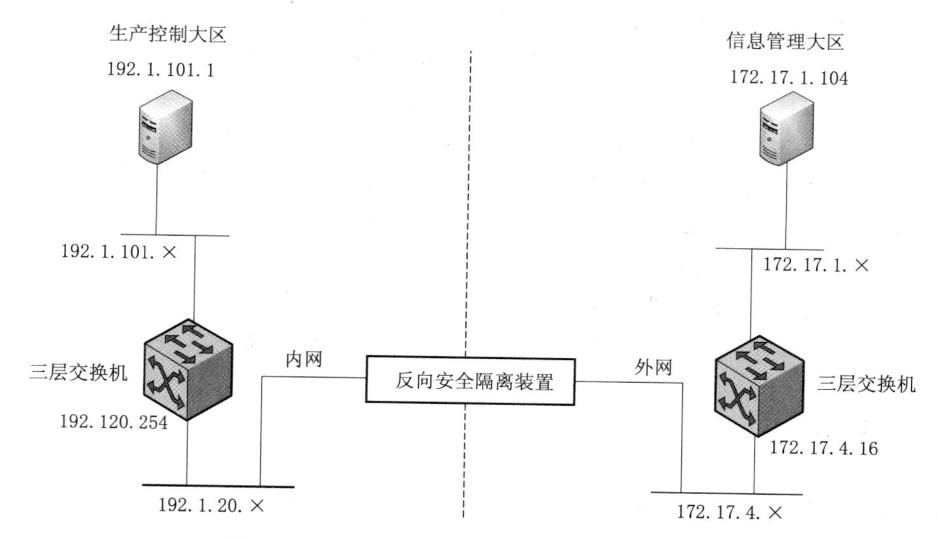

图 3－32　反向安全隔离装置三层交换模式拓扑

在三层交换模式下，通信规则的配置原则如下：在隔离装置的内、外网侧均为三层路由交换环境，外网的虚拟 IP 地址必须与安全隔离装置内网侧相连接的三层交换机网段为同一网段（本例中外网 1 号网段主机 172.17.1.104 的虚拟 IP 设置为内网 20 号网段的 IP 地址 192.1.20.31）；内网的虚拟 IP 地址必须与安全隔离装置外网侧相连接的三层交换机网段为同一网段（本例中内网 101 号网段主机 192.1.101.1 的虚拟 IP 设置为外网 4 号网段的 IP 地址 172.17.4.31）。

反向安全隔离装置三层交换模式配置参考如图 3－33 所示。

基本配置
规则名称 3-3　协议类型 UDP

外网配置
IP地址: 172.17.1.104
端口: 0
虚拟IP: 192.1.20.31
虚拟IP掩码 255.255.255.0
网卡 eth1
网关 172.17.4.16
是否设置路由 是
MAC地址绑... 000000000000

内网配置
IP地址: 192.1.101.1
端口: 9898
虚拟IP: 172.17.4.31
虚拟IP掩码: 255.255.255.0
网卡 eth1
网关 192.1.20.254
是否设置路由 是
MAC地址绑... 000000000000

保存　取消

图 3－33　反向安全隔离装置三层交换模式配置参考

3. 典型案例

横向安全隔离装置配置错误导致文件传输失败。

（1）告警信息。配套使用隔离传输软件，文件传输失败。

（2）原因分析。将纯文本文件从管理信息大区发往生产控制大区，传输失败。经现场检查，生产控制大区为二层交换模式，网络设备配置无误，工作站能正确 ping 边界交换机；管理信息大区为三层交换模式，网络设备配置无误，工作站能正确 ping 边界交换机。检查传输软件任务设置无误，虚拟 IP 地址、端口、源文件路径、目标路径等正确。检查横向安全隔离装置配置，发现策略配置错误：外网配置中，MAC 地址填写为 7C－E9－D3－00－76－D9，为工作站 MAC。

（3）解决方案。正确配置外网配置中的“MAC 地址”一栏，填写网关 MAC，即“F0－DE－F1－C9－E0－7A”，装置重启后，重新启动传输任务，文件传输成功。

3.4 防火墙

防火墙是一种部署在两个不同的安全域之间的网络安全设备，根据定义的访问控制策略检查并控制两个安全域之间的数据流。防火墙是不同网络或者安全域（如生产控制大区中，控制区与非控制区）之间信息流的通道，所有双向数据流须经过防火墙，只有经过授权的合法数据（即防火墙安全策略允许的数据）才可以通过防火墙。根据电力监控系统网络安全防护的要求，可采用防火墙技术实现逻辑隔离、报文过滤、访问控制等功能。

3.4.1 防火墙基本功能

防火墙作为保护装置，主要保护外部对内部网的访问控制，其主要任务是允许特定的链接通过，同时阻止其他不允许的链接。防火墙的核心功能主要是访问控制，其中入侵检测、控管规则过滤、实时监控及电子邮件过滤这些功能都是基于数据包过滤技术的。

防火墙的主体功能可以归纳为以下几点：

（1）根据应用程序访问规则可对应用程序联网动作进行过滤。

（2）对应用程序访问规则具有自学习功能。

（3）可实时监控，监视网络活动。

（4）具有日志，以记录网络访问动作的详细信息。

（5）被拦阻时能通过声音或闪烁图标给用户报警提示。

防火墙仅靠这些核心技术功能是远远不够的。核心技术是基础，必须在这个基础之上加入辅助功能才能流畅地工作。其功能的特点主要有以下几个方面：

（1）防火墙能强化安全策略。防火墙是为了防止不良现象发生的“交通警察”，它执行站点的安全策略，仅仅允许“认可的”和符合规则的请求通过。

（2）防火墙能有效地记录访问活动。所有进出信息都须通过防火墙，所以防火墙非常适合收集关于系统和网络使用和误用的信息，能在被保护的网络和外部网络之间进行记录。

（3）防火墙能限制网络风暴。防火墙能够用来隔开网络中一个网段与另一个网段，能够防止影响一个网段的问题传播到整个网络。

（4）防火墙是一个安全策略的检查站。所有进出的信息都必须通过防火墙，防火墙便成为安全问题的检查点，确保可疑的访问被拒绝于门外。

3.4.2 防火墙类型

防火墙主要分成包过滤防火墙、应用代理防火墙和混合防火墙三类。

1. 包过滤防火墙

静态包过滤防火墙是第一代防火墙，其主要工作在OSI模型或TCP/IP的网络层。静态包过滤防火墙依据系统事先制订好的过滤逻辑，即静态规则，检查数据流中的每个数据包，根据数据包的源地址、目的地址、源端口号、目的端口号、数据的对话协议及数据包头中的各个标志位等因素或它们的组合来确定是否允许该数据包通过。

包过滤防火墙有以下优点：

（1）逻辑简单、功能容易实现、设备价格便宜。

（2）处理速度快，由于所有包过滤防火墙的操作都是在网络层上进行的，且在一般情况下仅仅检查数据包头，对网络性能影响也较小。

（3）每个IP包和ICMP包都可以进行检查，通过对源地址、目的地址、协议、源端口和目的端口等包头信息检测，并应用过滤规则，可以识别和丢弃一些简单、带欺骗性源IP地址的包。

（4）过滤规则与应用层无关，无需修改主机上的应用程序，易于安装和使用。

包过滤防火墙有以下缺点：

（1）过滤规则集合复杂，配置困难，需要用户对IP、TCP、UDP和ICMP等各种协议有深入了解，否则配置不当容易出现问题。

（2）对于服务较多、结构较为复杂的网络，包过滤的规则可能有很多，配置起来十分复杂，而且对于配置结果不易检查、验证。

（3）由于过滤判别的只有网络层和传输层的有限信息，所以无法满足对应用层信息进行过滤的安全要求。

（4）不能防止地址欺骗，不能防止外部客户与内部主机直接连接。

（5）安全性较差，不提供用户认证功能。

2. 应用代理防火墙

应用代理防火墙工作于OSI模型或者TCP/IP模型的应用层，用来控制应用层服务，起到外部网络向内部网络或内部网络向外部网络申请服务时的转接作用。当外部网络向内部网络申请服务时，内部网络只接受代理提出的服务请求，拒绝外部网络其他节点的直接请求。当外部网络向内部网络请求服务时，对用户的身份进行验证，若为合法用户，则把请求转发给某个内部网络的主机，同时监控用户的操作，拒绝不合法的访问；当内部网络向外部网络申请服务时，应用代理防火墙的工作过程正好相反。应用代理防火墙的主要优点是可避免内外网主机的直接连接，提供比包过滤更详细的日志记录，如在一个HTTP连接中，包过滤只能记录单个数据包，而应用代理防火墙还可以记录文件名、URL等信息，隐藏内部 IP 地址，面向用户授权，为用户提供透明的加密机制，可以与认证、授权等安全手段方便地集成。应用代理防火墙的缺点是处理速度比包过滤防火墙慢；对用户不透明，给用户的使用带来不便，而且这种代理技术需要针对每种协议设置一个不同的代理服务器。

3. 混合防火墙

随着网络技术和网络产品的发展，目前几乎所有主要的防火墙厂商都以某种方式在其产品中引入混合性，即混合包过滤和应用代理防火墙的功能。例如，很多应用代理防火墙实施了基本包过滤功能以提供对 UDP 应用更好的支持。同样，很多包过滤或状态检查包过滤防火墙实施了基本应用代理功能以增加或改进网络流量日志和用户鉴别的功能。混合防火墙还可以提供多种安全功能，例如包过滤（无状态/有状态）、NAT 操作、应用内容过滤、透明防火墙、防攻击、入侵检测、VPN、安全管理等。

3.4.3 防火墙安全防范措施

在实际工作中，不仅要关注防火墙产品技术，更重要的是要考虑如何根据安全要求在实际环境中部署和使用防火墙。不同的组合方式体现了系统不同的安全要求，也决定了系统将采取不同的安全策略和实施方法，正确选择防火墙的部署位置和正确设置防火墙策略决定着防火墙起到的防护效果。不正确的防火墙部署和安全规则设置都达不到应有的防护效果，造成安全配置漏洞。

1. 部署位置

在实际网络环境中防火墙的部署位置包括：①将防火墙部署在内部网与外部网接入处的路由器上，对外部网进入内部网的数据包进行检查和过滤，抵御来自外部网的攻击；②将防火墙部署在内部网络中重要信息系统服务器的前端，防火墙串接在内部网核心交换机与服务器交换机之间，对内部网用户访问服务器及其应用系统进行控制，防止内部网用户对服务器及其应用系统的非授权访问。

（1）生产控制大区防火墙部署，如图 3-34 所示。电力监控系统生产控制大区中防火墙的部署应在安全区Ⅰ（控制区）与安全区Ⅱ（非控制区）的横向网络边界上，起到逻辑隔离的作用，且在配备防火墙时应采用双机热备方式进行部署安装。

（2）管理信息大区防火墙部署，如图 3-35 所示。电力监控系统管理信息大区中在纵向边界和重要信息系统区都需要分别放置防火墙来进行边界防护，以此来保障各区域数据信息的安全性和可控性。

2. 部署策略

利用防火墙实现内部网安全域划分，通过设置安全规则实现不同安全域之间的访问控制。根据网络拓扑和安全策略，正确设置防火墙的安全规则，满足安全策略对外部和内部用户访问控制的要求。

（1）正向策略。正向策略根据字面意思可以理解为，允许该允许的端口或协议，然后拒绝掉所有。

（2）反向策略。反向策略根据字面意思可以理解为，拒绝掉该拒绝的端口或协议，允许所有。

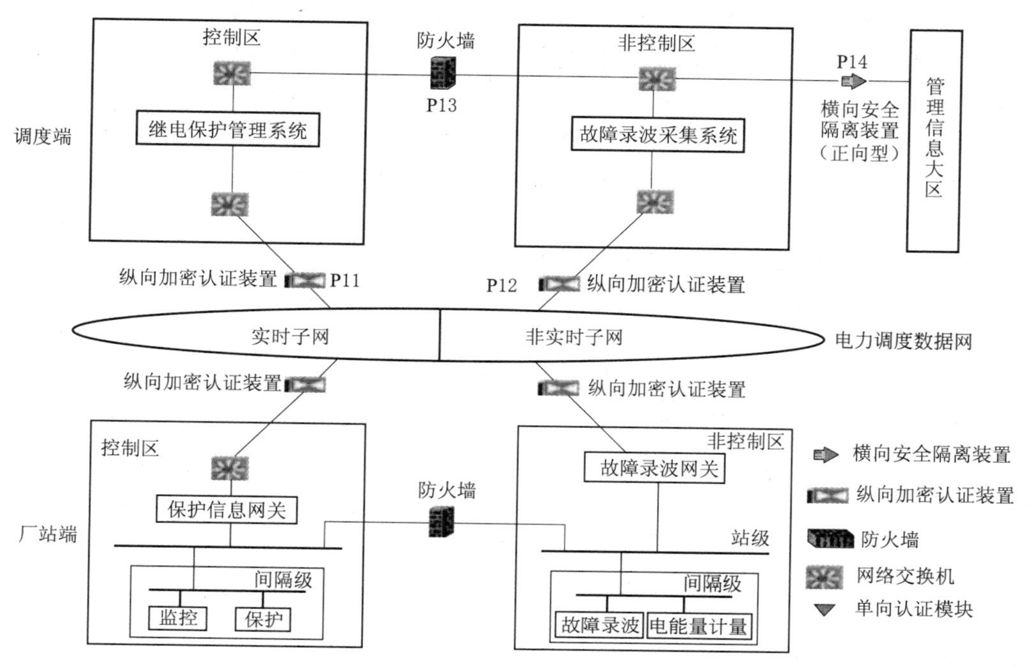

图 3-34　生产控制大区防火墙部署图

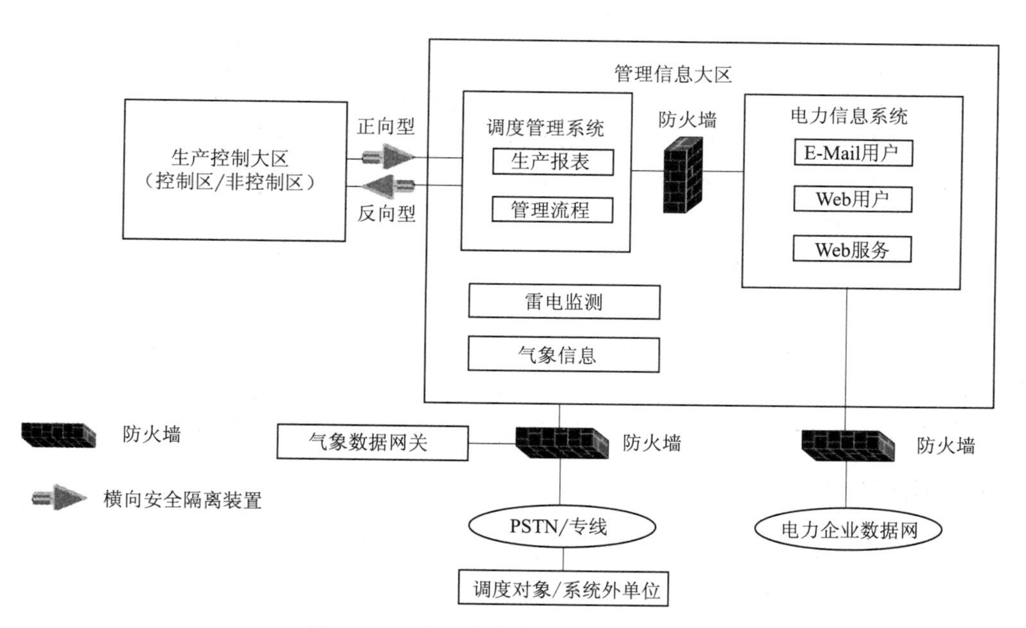

图 3-35　管理信息大区防火墙部署图

（3）单方向全通策略。这种配置与前面两种极为不同，前两种属于正常思维策略，考虑好进、出及应用的地方，按照需求进行配置即可。单方向全通策略的配置能够比前两种节省很多配置条目。基本分为以下步骤：

1）允许进或者出方向的所有端口，如果只允许进方向，那就不能配置允许出的方面，如果把进和出都全部允许，那就是全通策略，防火墙就成为了交换机。

2）在另一个方向进行严格控制，可进行正向或反向策略配置。通过这种配置方法，可以造成数据包去的时候允许所有，看起来像是全通，但是当请求进行完相应回包的时候，在防火墙回方向上生效了严格策略，数据包无法回复，达到安全的目的。

3. 典型案例

防火墙配置问题导致网络安全监测装置无法接收交换机日志。

（1）告警信息。某110kV变电站网络安全监测装置告警，告警内容为"站控层交换机设备离线"。

（2）原因分析。经现场检查，交换机上配置正确：SNMP采用v3版本，视图名、组名、用户名设置正确，SNMP TRAP主机地址设置正确；网络安全监测装置资产设置正确。随后查询防火墙，发现配置错误：策略配置中，"SNMP放行"策略误选择为TCP协议，正确应为UDP协议。

（3）解决方案。更改策略配置并重启防火墙设备后，网络安全监测装置显示防火墙在线。

3.5 操作系统内核加固

通过系统内核加固对用户信息的保密性、完整性、可靠性进行有效的保护，以守住数据安全的最后一道防线，这一技术正在成为继应用层网络安全产品之后行之有效的技术手段。操作系统内核加固技术，是按照国家信息系统安全等级保护实施指南的要求对操作系统内核实施保护，对网络中的不安全因素实现"有效控制"，从而构造出一个具有"安全内核"的操作系统，使"加固"后的操作系统的安全等级能够符合国家信息安全第三级及三级以上的主要功能要求。

操作系统内核加固技术，与基于网络和应用层防护的安全产品不同，它是基于主机和终端的系统内核级安全加固防护，通过采用强制访问控制、强认证（身份鉴别）和分权管理的安全策略，作用范围从系统内核层一直延伸到应用层，可以有效覆盖其他安全技术产品的防护盲区，弥补防护上的不足。

本节以凝思操作系统为例，实例介绍操作系统内核加固和系统配置过程。

3.5.1 用户策略

（1）操作系统中应不存在超级管理员账户，管理权限应分别由安全管理员、系统管理员、审计管理员配合实现。

【配置步骤】

系统自带无root模式实现权限分离。以4.2.35版本系统为例，进入无root模式的方法为：系统启动时，在grub启动菜单中选择Rocky Secure Operating System 4.2 without root启动选项，系统即进入无root模式。

（2）操作系统中除系统默认账户外不存在与D5000系统无关的账户。

【配置步骤】

检查账户列表/etc/password，使用 userdel 命令删除多余账户、过期账户等，删除账户 news 和 games 的示例如下：

userdel news

userdel games

3.5.2 身份鉴别

（1）口令长度不小于 8 位，口令应由字母、数字和特殊字符组成，且口令不得与账户名相同。

【配置步骤】

修改/etc/pam. d/password 文件内容为：

password required/lib64/security/pam _ cracklib. so retry = 3 minlen = 8 difok = 1 lcredit=-1 ucredit=-1 dcredit=-1 ocredit=-1 reject _ username

（2）连续登录失败 5 次后，账户锁定 10min。

【配置步骤】

在/etc/pam. d/kde、/etc/pam. d/login 和/etc/pam. d/sshd 文件中各增加一行：

auth required/lib64/security/pam _ tally. so per _ user unlock _ time = 600 onerr = succeed audit deny=5

（3）口令 90 天定期更换，且口令过期前 10 天，提示修改（适用于人机工作站和自动化运维工作站）。

【配置步骤】

1）编辑/etc/login. defs，做如下修改则新建用户口令 90 天定期更换：

PASS _ MAX _ DAYS 90

PASS _ MIN _ DAYS 1

PASS _ WARN _ AGE 10

2）对已存在的账户，设定账户口令有效期。

对于在改动/etc/login. defs 文件设置之前就已经存在的账户，/etc/login. defs 文件的修改对它无影响。首先查看账户口令过期时间：

chage -l 用户名（注意，参数是小写字母 l，不是数字 1）

如需修改，则用如下命令修改：

chage -M 90 用户名

3.5.3 安全审计

（1）配置系统日志策略配置文件，使系统对鉴权事件、登录事件、用户行为事件、物理接口和网络接口接入事件、系统软硬件故障等进行审计。

【配置步骤】

系统默认配置的审计规则，覆盖上述审计要求，不需额外配置，系统默认开机自启动审计功能。手动开启审计功能的方法如下：

```
#/etc/init.d/auditd start
```

如需检查审计功能是否开启，可以执行：

```
ps -ef | grep auditd
```

如果执行结果看到/sbin/auditd，就说明审计功能已开启。

（2）对审计产生的日志数据分配合理的存储空间和存储时间。

【配置步骤】

修改配置文件/etc/audit/auditd.conf：

```
max_log_file=300
max_log_file_action=ROTATE
space_left=75
space_left_action=SYSLOG
```

以上配置均为默认配置，表示最大日志文件容量300MB，超过大小则进行ROTATE日志轮转，并且磁盘空间剩余75MB时，执行SYSLOG动作，发送警告到系统日志。日志存储的文件最大数量由配置参数num_logs决定，表示日志轮转时可以保存的日志文件最大数目。参数越大则旧日志保存的文件个数越多，一般默认设置值已符合要求。

3.5.4 防火墙功能配置

（1）应对终端进行统一的防火墙管理，要求能够对终端的IP访问、端口访问、协议访问等进行限制。

图3-36　操作系统防火墙配置示意图

【配置步骤】

此项配置比较复杂，需要根据用户现场具体环境需求来进行配置，用户需求不同，配置方法也不一样。

以某用户的1台服务器进行安全配置为例，设定内网eth2能够接收所有的信息、外网eth3能够接收的限定IP地址为192.168.150.131，端口号为6610，如图3-36所示。

```
iptables -F
iptables -A INPUT -i eth2 -j ACCEPT
iptables -A INPUT -i eth3 -p tcp -s 192.168.150.131 -sport 6610 -j ACCEPT
iptables -A INPUT -j DROP
```

（2）设置服务器限制8890连接数200个：

```
iptables -A INPUT -p tcp -dport 8890 -m connlimit -connlimit -above 200 -j DROP
iptables -A INPUT -p tcp -dport 8890 -j ACCEPT
```

3.5.5 安全接口管理

（1）外设接口管理。应集中管理终端的各种外设接口，只有特定接口可以接入USBKEY设备，其他设备接入一律禁用并产生告警。

【配置步骤】

禁用USB存储驱动，保留其他USB设备驱动：

rm -f/lib/module/'uname -r'/kernel/driver/usb/storage/usb-storage.ko

(2) 远程登录管理。人员远程登录应使用SSH协议，禁止使用其他远程登录协议，同时应开启SSH协议的相关安全验证机制。

【配置步骤】

1) 人员远程登录应使用SSH协议，禁止使用其他远程登录协议：

sudo vim/etc/inetd.conf

关闭telnet服务后，主机应设置远程登录访问控制列表，限制能够登录本机的IP地址。

创建hosts.allow访问控制白名单：

vi/etc/hosts.allow

sshd：172.17.0.0/16

创建hosts.deny访问控制黑名单：

vi/etc/hosts.deny

ALL：ALL：deny

2) 主机间登录禁止使用公钥验证，应使用密码验证模式。

以root身份登录系统，或者以非root用户登录后su切换到root用户，再打开文件/etc/ssh/sshd_config，找到如下内容：

RSAAuthentication yes

PubkeyAuthentication yes

改为：

RSAAuthentication no

PubkeyAuthentication no

保存并关闭文件，重启SSH服务：

service ssh restart

3.5.6 主机加固安全防范措施

1. 典型案例

(1) 远动机未关闭mDNS服务导致异常访问。

1) 告警信息。某变电站实时纵向加密认证装置发出重要告警：不符合安全策略的访问，×.×.3.9访问244.0.0.251的5353端口。

2) 原因分析。×.×.3.9为变电站远动机地址（Linux操作系统），244.0.0.251是保留的组播地址，UDP的5353目的端口为mDNS（multicast DNS）协议端口。mDNS服务用于局域网中的主机相互发现对方，并描述它们提供的服务，该服务利用组播地址244.0.0.251来向局域网内发送搜索消息，以获得其他主机的IP地址和服务端口。远动机开启了mDNS服务，当远动机作为服务端访问组播保留地址244.0.0.251时被纵向加密认证装置拦截后产生告警，而变电站内实际并不需要此类服务。

3）解决方案：①执行/etc/init.d/avahi - daemon stop 关闭当前服务，同时执行 chkconfig avahi - daemon off 禁用该服务，防止系统重启时自动运行该服务；②在 Linux 操作系统的 iptables 上设置访问控制策略，禁止向外发出目的端口为 5353 的网络报文。

（2）远动机未关闭 DNS 服务导致异常访问。

1）告警信息。某变电站实时纵向加密认证装置发出重要告警：不符合安全策略的访问，×.×.12.194 访问 202.106.46.151、202.106.195.68 的 53 端口。

2）原因分析。×.×.12.194 为变电站远动机（Linux 操作系统）地址，目的地址为非业务的未知地址。UDP 的 53 目的端口为域名解析服务（Domain Name System，DNS）协议端口，DNS 协议主要用于主机名和 IP 地址的映射转换。该变电站远动机配置了不必要的 DNS 服务器的 IP 地址（202.106.46.151、202.106.195.68），导致 DNS 服务往外发出报文，被纵向加密认证装置拦截后产生告警。

3）解决方案：①将/etc/resolv.conf 中"nameserver"地址删除，并以 root 权限在终端中输入"service named stop"关闭 DNS 服务；②在 Linux 操作系统的 iptables 上设置访问控制策略，禁止向外发出目的端口为 53 的网络报文。

3.6 厂站网络安全监测装置

网络安全监测装置部署于电力监控系统局域网内，用以对监测对象的网络安全信息进行采集，为网络安全管理平台上传事件并提供服务代理功能。为确保电力系统网络安全，要进一步加强信息基础设施网络安全防护，加强网络安全信息统筹机制、手段和平台建设，积极发展网络安全产业，做到关口前移。

3.6.1 关键技术

（1）数据采集技术。新一代内网安全监管平台，对安全Ⅰ/Ⅱ区中的主机设备（服务器、工作站）、网络设备（内网交换机）、数据库、安全设备（纵向加密认证装置、隔离安全装置、防火墙设备、入侵检测系统、防病毒系统）的运行信息和告警信息实现了集中采集。平台针对不同采集对象使用不同的网络通信协议（表 3 - 5），并通过消息总线的方式统一汇总至平台服务器，实现统一的采集汇总。

表 3 - 5　　数据采集技术的网络通信协议

设备类型	通信协议
专用安全设备	UDP syslog
通用安全设备	UDP syslog
网络交换设备	UDP syslog
	SNMP
	SNMP TRAP
主机设备	消息总线
历史数据库	消息总线

（2）行为监视技术。通过对监视对象的行为进行监视，可了解不同监视对象的运行信息、告警信息，从而实现及时发现设备运行的异常信息、告警事件信息，可及时掌握全网的安全态势。

（3）安全审计技术。通过对主机、数据库、网络设备及安全防范设备等登录操作行为进行安全审计、接入行为审计及安全事件审计，提取出用户操作的行为特征及操作轨迹，建立历史记录间的关联关系，实现对用户整个操作流程的审计。

3.6.2 主要功能

1. 数据采集

（1）采集范围。采集范围包括变电站站控层及发电厂涉网生产控制大区的主机设备、网络设备和安全防护设备。

（2）采集内容。采集内容覆盖变电站站控层及发电厂涉网生产控制大区所有主机、网络、安全防护设备的重要运行信息及安全告警信息。

1）主机设备采集信息。厂站主机设备的采集信息包括变电站站控层、发电厂涉网生产控制大区主机设备操作系统层面所有的用户登录、操作信息、移动存储设备接入信息及网络外联等的安全事件信息。

2）网络设备采集信息。厂站网络设备的采集信息包括变电站站控层、发电厂涉网生产控制大区交换机相关的配置变更、流量信息、网口状态等安全事件信息。

3）安全防护设备采集信息。纵向加密认证装置的采集信息包括厂站调度数据网边界的纵向加密认证装置的运行状态、安全事件及配置变更等安全事件信息；横向安全隔离装置的采集信息包括厂站横向安全隔离装置的运行状态、安全事件及配置变更等信息；防火墙的采集信息包括厂站防火墙的运行状态、安全事件、策略变更及设备异常等信息。

（3）采集功能。

1）采集频度。数据采集频度支持事件触发及周期采集两种：①事件触发即安全事件发生后的实时触发采集；②周期采集即对安全事件的周期扫描采集。

2）采集方式。主机设备采集，由站控层系统主动收集采集信息，通过 TCP/IP 协议发送至安全监测装置，安全监测装置作为服务端、开启 8800 端口监听主机设备的连接请求。若站控层存在 A、B 双网，安全监测装置同时接入 A、B 双网交换机。采集数据由主机设备发出，若出现网络故障，则切换至另一网络发送采集信息。若安全监测装置未能在规定时间内（时间策略可配置）接收到主机设备发送的信息，安全监测装置上报主机离线告警。

网络设备采集，包括以下两种采集方式：①支持以 SNMP v3、v2 TRAP 方式主动发送采集信息，原则上优先使用 SNMP v3 Trap 协议；②支持以 SNMP v3、v2 协议主动轮询采集信息，原则上优先使用 SNMP v3 协议。

2. 安全分析与告警

（1）安全分析。以小时为单位，重复次数累加的告警支持定时（15min，可配置）归并，对于主机关键文件变更、用户权限变更、危险操作、网络设备流量超过阈值、配置变更等事件进行安全性分析。

(2) 安全告警。

1) 安全事件告警级别。按照级别来分，安全告警分为紧急告警、重要告警和普通告警，其中：

a. 紧急告警。指对电力监控系统安全具有重大影响的安全事件告警，应立即处理。

b. 重要告警。指对电力监控系统安全具有较大影响的安全事件告警，需要在24h内进行处理。

c. 普通告警。指对电力监控系统安全具有一定影响的安全事件告警，应安排处理。

2) 安全事件类告警。监管平台能够对运行中的非法访问、操作，产生的安全事件进行实时监视并形成告警，包括以下内容：

a. 主机设备非法网络外联告警（紧急）。

b. 纵向加密认证、横向安全隔离、防火墙设备拦截到的不符合安全策略的访问（重要）。

c. 纵向加密认证、横向安全隔离、防火墙设备修改策略、配置的操作（普通）。

d. 主机设备发现的用户异常操作告警（普通）。

e. 主机设备发现的非法设备接入告警（重要）。

f. 网络设备发现的非法网络接入告警（重要）。

3) 运行异常类告警。对于运行异常类告警，监管平台能够对运行过程中监视到运行异常状态进行实时监视并形成告警，包括以下内容：

a. 纵向加密设备检测到的隧道建立错误告警（重要）。

b. 纵向设备检测到的备机心跳丢失告警（重要）。

c. 主机离线告警（重要）。

d. 通过监视安全防护设备CPU利用率信息分析出的CPU使用越限告警（普通）。

e. 通过监视安全防护设备内存利用率信息分析出的内存使用越限告警（普通）。

f. 网络设备检测到的流量突变告警（普通）等。

4) 设备故障类告警。对于设备故障类告警，监管平台能够对监视对象的硬件状态异常进行实时监视并形成告警，包括以下内容：

a. 监视对象自身检测到的电源故障告警（重要）。

b. 监视对象自身检测到的风扇故障告警（重要）。

(3) 告警上传。安全监测装置采集及分析得到的告警，以基于《远动设备及系统　第5-104部分：传输规约　采用标准传输协议集的IEC60870-5-101网络访问》(DL/T 634.5104—2009) 规约上传至主站内网安全监管平台。

3. 本地安全管理

(1) 资产管理。安全监测装置具备资产管理功能，包括资产的录入、修改、删除等功能，资产信息包括设备名称、设备IP、MAC地址、设备类型、设备厂家、序列号、系统版本、责任人等。

(2) 安全运行状态展示。安全运行状态支持本地图形化直观展现，包括以下内容：

1) 资产统计信息，包括监视对象信息、数量等。

2) 安全运行状态统计，包括近12个月每月告警数量，并按照级别归并。

3) 实时安全事件，包括时间、对象、类型、级别、内容。

4）实时操作行为，包括时间、对象、类型、内容。

（3）告警管理。告警内容进行本地存储，并支持调阅查询。

1）具备对告警的查询功能，查询条件包括告警对象、时间范围、告警级别、告警类型、告警内容关键字等。

2）具备告警查询结果导出功能。

3）能够以时间为维度提供事件汇总及分析，并自动生成安全运行态势报告。

（4）装置运行状态监测。对安全监测装置的运行情况进行监视，包括电源、CPU 利用率、内存利用率、硬盘存储空间、通信链路状态、用户登录、异常操作等。

（5）告警生成策略管理。支持对告警生成策略的管理，策略可由远方进行修改。

（6）拓扑管理，包括以下方面：

1）能反映实际组网设备以及设备间的连线情况。

2）能通过设备与连线颜色的变换反映厂站网络拓扑变化。

（7）告警信息上传。厂站采集到的数据以告警信息的形式上传至上级内网安全监管平台，针对不同类型的采集信息采用不同的上传方式，具体规则如下：

1）对收集的实时告警，立即上传。

2）对重复发生的告警，归并后上传。

3）对需分析的告警，能根据安全策略分析后上传。

4）具备基于调度数字证书的上线认证机制。

5）告警信息基于《远动设备及系统　第 5－104 部分：传输规约　采用标准传输协议集的 IEC 60870－5－101 网络访问》（DL/T 634.5104—2009）规约进行上传。

（8）时钟同步。安全监测装置具备时钟同步功能，能够与厂站内站控层监控系统严格同步，以保证数据采集、安全分析和告警等处理顺利进行。

3.6.3 网安监测安全防范措施

1. 内网安全监测装置接入调试产生告警

（1）告警信息。2018 年 3 月 22 日，某 110kV 变电站地调接入网非实时纵向加密认证装置发出告警："×.×.3.9 访问×.×.1.6 的 TCP8800、8801 端口不符合安全策略被拦截。"

（2）原因分析。通过源地址、目的地址基本确认是现场安全监测装置访问主站内网监管平台造成告警，该 110kV 变电站是第一个厂站内网安全监测装置接入试点站。TCP8800、8801 端口为安全监测装置主机采集和服务代理所使用的端口，经确认，安全监测装置和主站业务通信必须开放两条安全防范策略，其中一条是主站侧随机端口，厂站侧开放 TCP8800 和 8801 端口，实现主站和厂站的双向通信。装置试点接入时，装置厂家技术人员不清楚该情况，导致现场加密只配置了单条业务策略，正常业务访问被拦截。

（3）解决方案。变电站侧纵向加密认证装置增加业务策略，告警消失，厂站安全监测装置上送报文正常。

2. 网络安全监测装置接入调试引起告警

（1）告警信息。2018 年 5 月 23 日，某地调内网见识平台发生两条告警："×.×.1.23

访问×.×.90.20不符合安全策略被拦截”，源端口为1089，目的端口为8801；“×.×90.20访问×.×.1.23不符合安全策略被拦截”，源端口为2038，目的端口为8800。拦截设备为变电站纵向加密认证装置。

（2）原因分析。×.×.1.23为新内网监视平台Ⅱ区网关机，×.×90.20为变电站网络安全监测装置，检查主站加密装置策略，已配置一条策略，策略的源地址为×.×.1.23，目的地址为×.×90.20，源端口为1025－65535，目的端口为8800－8800。变电站的加密装置配置的策略为，源地址×.×.1.23，目的地址×.×90.20，源端口为8800－8800，目的端口为1025－65535。该策略由网络安全装置调试人员申请开通，功能为网络安全装置向监视平台上送事件。后查询电力监控系统网络安全监测装置技术规范后发现，网络安全监测装置上送事件至平台时，平台网关机使用8800端口，平台远程调阅厂站网安装置时厂站网安装置使用8801端口，为策略配置问题引起告警。

（3）解决方案。在主站侧加密装置配置两条策略：一条源地址×.×.1.23，目的地址×.×90.20，源端口8800－8800，目的端口1025－655535；另一条源地址×.×.1.23，目的地址×.×90.20，源端口1025－65535，目的端口8801－8801。

在厂站侧加密装置配置两条策略：一条源地址×.×.90.20，目的地址×.×.1.23，源端口1025－65535，目的端口8800－8800；另一条源地址×.×.90.20，目的地址×.×.1.23，源端口8801－8801，目的端口1025－65535，策略配置修改后，告警消除。

第4章

整定通知单安全防范技术

4.1 整定通知单全过程管理概况

继电保护是保障电力设备安全和防止电力系统长时间、大面积停电的最基本、最有效的技术手段，继电保护装置一旦发生拒动或误动，将会扩大电力事故，造成更为严重的后果，而能够保证保护装置正确动作的前提条件之一就是正确地计算、执行和核对整定通知单。继电保护定值的整定过程是一个系统的工作，非一方能独立完成，需要多个部门之间协调配合。保护定值的错误看不见、摸不着，且在设备正常运行时不容易察觉，只有当电网发生故障或设备出现异常时才能够显现出来，因此必须对保护装置整定的全过程采取预控防范措施，增强预防整定单错误的主动性和前瞻性，消除定值整定过程中的危险点，以实现电网安全稳定运行。

要防止整定通知单定值“误整定”的发生，首先需要了解继电保护定值全过程管理，并做到各部门、各单位职责明确。整定通知单定值管理全过程主要包括市公司和县公司两方面的内容。

1. 市公司

（1）副总经理（或总工）。批准地调年度继电保护整定方案。

（2）电力调度控制中心。负责设备参数及工程资料的收集、归档工作，负责管辖范围内继电保护装置的整定计算、复核、审核工作，下发定值单、建立调度管辖范围内继电保护装置定值库（电子化），配合定值单的执行，编制年度继电保护整定方案，执行上级调度编制的继电保护整定方案。复核、审核县公司定值单。

（3）基建部（项目管理中心）。向调控中心提出新建、扩建、改建输变电工程确切投产日期，提供现场设备参数、二次图纸和保护装置技术说明书等，负责组织线路参数实测并向继电保护部门提供实测报告，组织协调工程施工单位执行调度机构下发的定值单。

（4）运维检修部。向调控中心提供技改工程与已投运变电站的整定计算相关资料，执行调度机构下发的定值单，负责与新建工程的工程施工单位核对定值，向调控中心汇报定值执行情况，完成 OMS 定值流转。

2. 县公司

（1）分管生产副总经理（或总工）。批准县调年度继电保护运行整定方案。

（2）电力调度控制中心。负责设备参数及工程资料的收集、归档工作，负责调度管辖范围内继电保护装置的整定计算。下发定值单，配合做好继电保护整定定值单执行工作。编制年度继电保护整定方案，执行上级调度编制的继电保护整定方案。

（3）运维检修部。向继电保护部门提出新建、扩建、改建输变电工程确切投产日期，提供现场设备参数、二次图纸和保护装置技术说明书等。执行调度机构下发的定值单。

整定通知单全过程管理部门和职责见表 4－1。

表 4－1　　整定通知单全过程管理部门和职责

全过程管理	对口部门	人员名单	职　责
提供计算资料	基建部	变电专职	提供二次设备参数、二次图纸及保护装置技术说明书(新建工程)
	运维检修部	二次专职	提供二次设备参数、接带负荷资料(已建工程)
定值计算	电力调控中心	继保专职	根据提供资料，布置软件中电网参数及进行整定计算
定值复核	电力调控中心	继保专职	对已计算的定值单进行复核
定值审核	电力调控中心	分管领导	对已复核的定值单进行审核
定值下发	电力调控中心	继保专职	定值单完成三级流转后，下发给运维检修部综自班
许可定值执行	电力调控中心	调度班	许可定值执行的工作任务
定值执行	运维检修部		将最新定值单的定值输入到继电保护装置
定值回执	运维检修部		完成 OMS 定值单回执填写，按周期把纸质版回执反馈给电力调控中心继保专职，已执行定值单移交给运维站人员

4.2 引发整定通知单误整定的原因及安全防范

继电保护中的“三误”问题（即误碰、误接线、误整定）时刻对电力系统的安全运行产生重要影响。对于“三误”问题的防范已经成为变电二次检修与运行单位所必须考虑的首要问题。在历年继电保护事故中，与“三误”相关的事故缺陷仍然时有发生，其中由于整定单定值误整定所引发的事故也占有一定的比例。本节依据整定通知单管理全过程，结合变电生产实际工作，分析引起定值误整定发生的原因，为其安全措施的制定提供参考。

4.2.1 定值整定计算过程中误整定原因分析

（1）整定前准备时间不足。前期准备对于继电保护定值整定具有重要意义，相关的作业规程和作业标准中对于整定前的准备工作有明确规定：当设备功率达到或者超过 10MW 时，必须在设备运行前一个月时间内将详细的设备设计图纸、参数以及各种保护装置的资料交予相关继电保护单位，使其在设备运行前有足够的时间进行设备的标定和调整。但是，在实际工作中，相关的参数、资料和设计图纸常常并未及时送达相关部门，使得设备安装好之后就直接进行输送电工作，没有进行合理整定，导致继电保护出现问题。

（2）整定计算所需的基础资料收集不全面。现场收集的资料包括工程的相关图纸、设备参数（应实测有关参数并提供实测报告），其中，图纸部分包括电气一次接线图、保护二次接线部分和线路施工图；设备参数包括站内变压器的一次设备参数、线路参数及所带负荷情况、被保护设备所属的TA变比及TV变比、与现场保护装置对应的技术和使用说明书（包括保护程序清单、定值清单）。35kV及以下工程涉及的图纸、软件版本、保护装置说明书、定值清单等基础资料应提前一个月送达调度部门。如果参数收集不全面或不及时，将会直接影响保护定值整定的准确性。

（3）整定计算前运行方式选择失误。当前期的整定准备工作结束之后，就需要进入具体的系统运行阶段，在这一阶段中，由于整定计算前运行方式选择失误导致的一系列问题就会出现，这在继电保护过程中是一个普遍现象，例如，在继电保护装置的设计中，需将变压器中性点接地运行，且在没有特殊规定的情况下，决定变压器绝缘性能时应首先考虑改善零序电流保护性能，如果在运行方式方面选择错误，变压器将起不到变压效果，从而导致一系列安全隐患。此外，如果没考虑到特殊运行方式或者重要负荷的特性及要求，往往会造成整定上的漏洞，形成误整定，进而导致设备频繁跳闸甚至烧损。

（4）对保护装置原理和相关技术规程没有熟练掌握。如今继电保护厂家众多，不同厂家生产的不同保护装置其保护原理各异，而同一厂家不同版本程序的保护装置也存在许多差异。同时，保护装置厂家在说明书的编制上往往滞后于对装置的改进，现场到货的装置软件有时版本会高于说明书，这就导致整定计算人员依据装置说明书整定而出错。例如，部分整定计算人员对主变差动保护装置的各侧电流变换原理不清楚，对线路距离保护的"不对称故障相继速动"等功能理解不深，结果导致定值计算结果不合理或保护效果不佳。

（5）整定通知单不能及时送达定值下发单位。特别是出现个别项目有调整，或者超出整定范围，或者软件版本不对应，或者线路电压抽取相别不一致等情况时，定值执行人若没有及时与整定计算人员沟通，就会留下安全隐患。

4.2.2 整定通知单执行过程中误整定原因分析

（1）准备工作不充分和凭经验盲目执行。运行人员现场执行整定通知单时，单凭工作经验盲目整定，未发现定值清单项目、装置型号、软件版本号、TA及TV变比不符的情况，引发不必要的一次设备停电或保护退出，就会直接造成保护误整定。

（2）现场工作监护不到位导致违章作业。现场工作人员根据下发的整定通知单调整定值前没有先和调度员核对定值，或者在执行人员调整定值的同时，没有监护人对其进行监护，极易造成定值的误整或漏整。

（3）试验工作流程执行不彻底。有些保护试验工作中，当试验设备不满足大启动电流器的启动电流时需将定值调小，但试验结束后仍需把定值调制回相应的大小。如果工作人员忘记恢复和核对运行定值，就会造成现场误整定。

（4）工作人员责任心差。有些工作人员不按工作流程办事，例如需现场打印定值核对的却不打印，只检查面板显示的定值；核对定值单时，只核对定值项目而不核对保护软压板的投退情况等。所以即使在装置上把定值调整好，但如没投在软压板上就等于定值没起作用，这也是造成现场误整定的直接原因。此外，检修人员只打印正常运行定值区而没有打印所有定值区，导致其他定值区定值未得到核对，而没有及时发现问题引起误整定，这种情况也时有发生。

（5）保护定值整定管理脱节。从保护定值整定计算到现场执行然后再到反馈，每一个环节都不可缺少。不管哪个环节出问题，都会造成误整定事故。例如，新设备投产时，部分装置整定单内的一些定值由现场整定，整定单上无具体定值，如通信参数设置、故障录波器的开关量整定、隐含定值等。如果投产整定单没有保存好，或没有完整记录整定单外的所有整定值，在定检时由于某种原因误改这些定值，核对时难以发现，而引起误整定。

4.2.3 防止整定通知单误整定的安全防范措施与典型案例

继电保护定值单的执行牵扯到整定计算、检修、运行、调度等多个专业和部门，应建立闭环管理措施，参与定值单执行的各部门人员应严肃定值单执行工作，将责任落实到人，使每个环节都能追溯，做到可控、能控和在控。因此，在制订整定单误整定安全措施时，应该详细周密地考虑到整定过程的每一个环节。针对各个环节所可能产生的疏漏，提出直接有效的防止误整定发生的控制措施。结合常规的工作实际与相关典型案例，可以从定值计算、定值执行等方面提出以下防止整定单误整定的安全防范措施：

（1）制定整定计算及定值管理制度并严格执行。整定单的编制应严格执行审批流程，整定通知书的分发、执行、返回必须实行闭环管理。

（2）各相关部门、相关专业应加强沟通联系。设计部门或现场相关专业应及时、准确地向整定计算人员提供有关计算参数、图纸，以确保定值的整定和实际运行方式及设备参数相符。现场人员应对保护原理和定值单的内容有一定了解，包括定值修改原因、修改内容等，变被动为主动。执行过程中发现的问题应及时书面反馈给整定专责。

（3）正确收集整定计算资料。整定计算用的设备参数不能以图样的设计参数为依据，应以现场的实际参数作为计算数据。加强线路实测参数的管理和监督工作，变压器和110kV及以上线路必须有实测参数。整定计算前，由专人对报送的原始参数进行分析核查，必要时与设计图样进行对比核对，对有疑问的地方必须要求工程单位重新进行核对，以确保整定原始参数的正确性。整定计算前，应对电网参数建模台账的正确性进行核对校验，由专人对报送的原始参数进行分析核查，必要时与设计图样进行对比核对，对有疑问的地方必须要求工程单位重新进行核对，以确保整定原始参数的正确性。设备维护单位在验收时应做升流变比试验，再次核对整定用TA变比的正确性。

【案例4.1】 某110kV变电站2号主变过负荷闭锁有载调压保护是通过就地加装过流继电器的方式实现的，该保护的电流取自主变110kV侧的套管电流，TA变比为300/5。除此之外，主变高压侧后备保护的电流均取自高压侧独立TA电流，TA变比为800/5。整定通知书（图4-1）上高后备保护闭锁调压电流的整定值为1.9A，备注栏注明端子箱内闭锁调压继电器同此整定。由此可知，实际TA变比为300/5，现将其误整定为800/5，将一次电流定值由304A降低到114A，将可能会导致过流继电器误动作闭锁有载调压。

CSC326GH 型主变后备保护装置整定通知书

第YWJ2012-0147号（代原发号）校验单位： 编制日期：2012-09-28

变电所： 设备名称：2号主变 110kV 后备保护 额定电压：110kV 版本号：2.05

序号	整定项目	单位	原整定值	新整定值	备注
31	启动风冷电流	A		100	不用
32	启动风冷时间	s		200	
33	闭锁调压电流	A		1.9	端子箱内闭锁调压继电器同此整定
34	闭锁调压时间	s		0.5	

图 4-1 某 110kV 变电站 2 号主变后备保护整定通知书

【案例 4.2】 某 35kV 变电站配置有 2 台双绕组变压器，其保护装置为某公司生产的 NSP712，35kV 侧为单母线，10kV 侧为单母分段，操作人员在日常巡视中发现 1 号主变保护测控装置差流显示为 12.0%，检修人员到达现场后实测数据见表 4-2。

表 4-2 **实 测 数 据 表**

项　目	A 相	B 相	C 相
35kV 侧保护显示电流	2.04A,0°	2.05A,242°	2.12A,120°
35kV 侧实测电流	2.02A,0°	2.06A,241°	2.09A,119°
10kV 侧保护显示电流	1.76A,211°	1.82A,90°	1.79A,329°
10kV 侧实测电流	1.78A,213°	1.81A,89°	1.77A,329°
差流	12%	12%	12%
制动电流	52.5%	53.5%	54.5%

现场同时测量了第一侧与第三侧电流的相角差：A、B、C 相第一侧超前第三侧 149°左右，说明变压器接线组别确为星三角 11 点。查看图纸，1 号主变 35kV 侧主变保护、测量、计量、高后备保护电流互感器变比同为 300：5，现场检查发现，各组二次电流大小相等；1 号主变 10kV 侧计量、遥测、备自投、主变主保护变比同为 1500：5，现场检查发现，各组电流大小相等。查看现场后台潮流发现，1 号主变 35kV 侧电流为 164.52A，而如果变比是 300：5，则 2.04×60＝122.4（A），很有可能是电流变比有问题，翻看 1 号主变差动保护定值，第一侧 TA 一次额定电流原定值为 300A，新定值为 300A，而 2 号主变第一侧 TA 一次额定电流原定值为 300A，新定值为 400A。就此事情向调度汇报，根据现场数据判断，这个差流很有可能是因为保护定值整定引起，继保整定人员立马查看了整定书发现，整定过程是按 400：5，但定值整定参数写成了 300：5。重新出定值单，检修人员正确输入定值后，保护装置显示主变器差流 $I_{da}=1.0\%$，$I_{db}=0.0\%$，$I_{dc}=1.0\%$；制动电流为 $I_{Sa}=27\%$，$I_{Sb}=28\%$，$I_{Sc}=29.5\%$，数据恢复正常。

（4）确保整定计算使用的说明书与现场相符。加强微机保护的版本管理，整定计算时必须核对实际装置的版本号，认真查阅对应该版本号的技术整定说明。整定计算前，要求工程管理部门在保护装置上打印一份定值清单，参照装置打印的定值清单出具保护定值通知单。对于十六进制控制字，在出具定值通知单的同时列出控制字项目清单，以便在放置定值时能同时核对控制字项目是否正确。设备验收时应按定值通知单的整定值进行保护试验以检验整定的正确性，尤其是变压器出口逻辑。

【案例 4.3】 现在的微机保护同型号设备存在多种版本号，而不同的版本则对应不同的保护功能。整定人员可能会使用与现场实际装置版本不同的技术说明书进行整定而造成误整定。特别是对于保护控制字，不同版本号的定值最大的差异往往就在于控制字的不同。

某变电站保护动作后重合闸不启动，检查保护现场装置是 CSC163A 型 V1.11GD 版本，对于 CSC163A 型的 V1.11GD 版本，其保护定值中的公共控制字的 B15 位实际定义是“保护启动重合闸”，而对于 V1.03 版本的公共控制字的 B15 位则定义是“备用”。对于线路保护现场装置正确整定应是将该位控制字置“1”。整定人员在整定该保护定值时，没有认真核对该保护的实际版本号，按 V1.03 版本的说明书来进行整定，即将公共控制字中的 B15 位按“备用”置“0”整定，导致线路故障保护动作时不能启动重合闸。

(5) 整定计算时需考虑配合系数。应认真学习理解整定规程，并按照整定规程要求，结合单位实际制定合理的整定原则，整定原则应满足灵敏度和选择性的基本要求。出现长时间的临时检修方式时，应重新校验这种方式下的保护定值，保证检修方式下应能满足一定的灵敏度要求。对有外汲支路或助增电源的网络应考虑选取适当的分支系数和助增系数来进行整定。合理安排变压器中性点运行方式，尽量保持系统的零序阻抗基本不变。

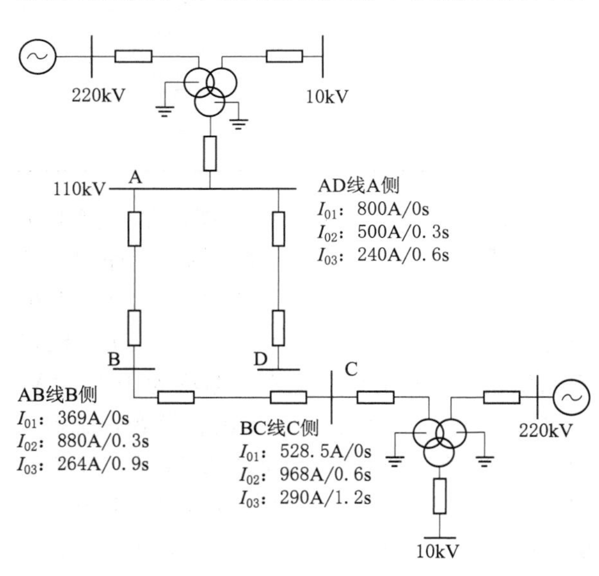

图 4-2 保护整定配合图

【案例 4.4】 某电网正常运行时，220kV A 站供 110kV D 站运行，220kV C 站供 110kV B 站运行，110kV AB 线为充电备用状态作转供电用。A 站因扩建工程需将 220kV 母线停电一段时间，电网运行方式改为 B 站经 A 站的 110kV 母线供 D 站，A 站的 10kV 负荷由 110kV 侧供电，A 站的主变仍按中性点接地方式运行。保护整定配合图如图 4-2 所示。

某日，110kV AB 线路发生接地故障，故障电流持续了 5s 后开关才跳闸切除故障。原因为：故障初期，B 站 AB 线的零序电流只有 250A，未达到保护的整定值，故 B 站的 AB 线开关不能快速切除故障，待故障持续发展一定时间后，短路电流增大到 300A 后才达到保护的零序Ⅲ段定值，所以出现故障电流持续了 5s 后保护才动作跳闸的现象。

整定人员在整定 B 站 AB 线的保护定值时没有考虑 A 站变压器中性点接地对系统零序电流分布的影响，定值按与 A 站 AD 线定值配合整定，选取分支系数 $K_{fz0}=1$，校验灵敏度时亦按 A 站变压器中性点不接地方式来考虑。但当时运行方式是 A 站变压器中性点接地，AB 线单相接地故障时，受 A 站中性点接地影响，分布在 B 侧 AB 线的零序电流值较小，B 站 AB 线与 A 站 AD 线配合的分支系数只有 0.2，而整定人员在配合整定时却没有考虑分支系数的影响，导致了保护后备段对全线故障没有灵敏度。

【案例 4.5】 某地区突现强对流天气，某 35kV 变电站内两棵松树被刮断，压倒 Ⅰ 母母线，造成 Ⅰ 母母线短路、110kV 中心站两台主变 35kV 侧开关相继跳闸、110kV 中心站 35kV 母线失压，发生越级跳闸。

事故前的运行方式为：110kV 中心变电站 1 号主变带 Ⅰ 心矿；2 号主变带 Ⅱ 心矿；35kV 母线分段运行。35kV 变电站 Ⅰ 心矿带 Ⅰ 母，Ⅱ 心矿带 Ⅱ 母，如图 4-3 所示。

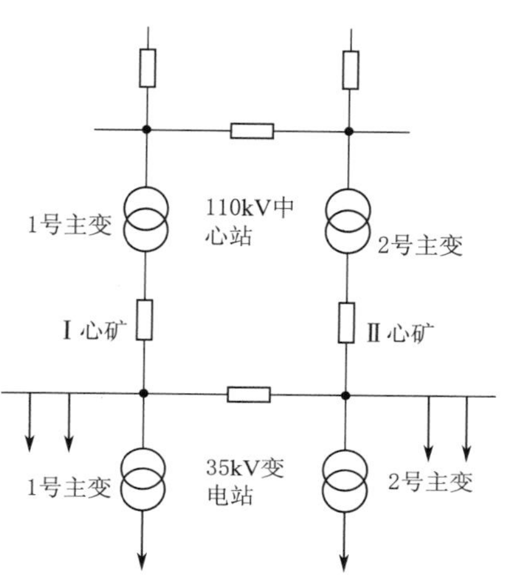

图 4-3 某电网主接线图

发生越级跳闸期间，后台系统报故障信息，但未能记录跳闸故障量，首先查看故障录波，没有记录跳闸瞬间故障跳闸波形，只记录 1 号、2 号主变有电流电压突变信息，无零序电流、电压变化，有电流增大，但无电压降低，无法从录波装置中判断为短路故障或接地故障。

对 1 号、2 号主变一次设备进行检查，未能发现短路痕迹及异常现象，初步排除因主变一次设备故障引起保护动作。检查继电保护装置，并无三相严重不平衡现象或缺相，同时也没有发现二次电流回路有松动或断线等现象。根据整定单，现场检查主变后备成套保护装置 PCS-978 及 Ⅰ、Ⅱ 心矿线路保护装置 PCS-9613 定值设定情况，保护装置定值与定值单整定值完全相同。初步怀疑由于线路保护失灵引起越级跳闸。

110kV 中心变电站两台主变保护配置为：主保护是差动保护、非电量保护、后备保护。35kV Ⅰ、Ⅱ 心矿 1 保护的配置为：主保护为光纤纵差保护，后备保护为三段式电流保护。Ⅰ、Ⅱ 心矿 2 保护的配置为：光纤差动保护。110kV 中心站、35kV 变电站定值见表 4-3～表 4-5。

表 4-3　　110kV 中心站 1 号主变、2 号主变整定值

类　别	序号	定 值 名 称	整 定 值
过流保护定值	1	低电压闭锁定值	$60\%U_{pp}$
	2	负序电压闭锁定值	$6\%U_{pp}$
	3	过流 Ⅰ 段 1 时限	4.2A
	4	过流 Ⅰ 段 1 时限	1.9s(跳分段)
	5	过流 Ⅰ 段 2 时限	2.2s(跳本侧)
异常操作	11	零序电压报警定值	$30\%U_{pp}$
	12	零序电压报警延时	0.5s

续表

类　别	序号	定　值　名　称	整　定　值
复压闭锁控制保护过流	13	过流Ⅰ段经复压闭锁	1
	15	过流Ⅰ段1时限投入	1
	16	过流Ⅰ段2时限投入	1
异常操作控制字	21	零序电压报警投入	1

表4-4　Ⅰ、Ⅱ心矿1保护整定值

类　别	序号	定　值　名　称	整　定　值
差动保护	1	变化量启动电流定值	1A
	2	相电流启动定值	5A
	3	零序电流启动定值	1A
	4	分相差动定值	2.5
后备保护和重合闸	1	低电压闭锁定值	60V
	2	过电流Ⅰ段定值	65A
	3	过电流Ⅰ段时间	0s
	4	过电流Ⅱ段定值	30A
	5	过电流Ⅱ段时间	0.5s
	6	过电流Ⅲ段定值	9A
	7	过电流Ⅲ段时间	1.6s
纵联电流差动保护	33	纵联差动保护投入	1
	34	TA断线闭锁差动	1
	35	通道环回实验	0
后备保护和重合闸	36	过流保护Ⅰ段	1
	37	过流保护Ⅱ段	1
	38	过流保护Ⅲ段	1
	48	重合闸检线无压母有压	1
	51	重合闸后加速	1
	53	加速过电流保护	1
	57	TV断线检测	1

表4-5　Ⅰ、Ⅱ心矿2保护整定值

类　别	序号	定　值　名　称	整　定　值
差动保护	1	变化量启动电流定值	1A
	2	相电流启动定值	6A
	3	零序电流启动定值	1A
	4	分相差动定值	2.4A

续表

类　　别	序号	定　值　名　称	整　定　值
纵联电流差动保护	33	纵联差动保护投入	1
	34	TA 断线闭锁差动	1
	35	通道环回实验	0
后备保护和重合闸	36	过流保护Ⅰ段	1
	37	过流保护Ⅱ段	1
	38	过流保护Ⅲ段	1
	57	PT 断线检测	1

通过对 1 号、2 号主变、Ⅰ心矿 1、Ⅱ心矿 1、Ⅰ心矿 2、Ⅱ心矿 2 进行继电保护传动试验，并无异常现象，主变差动及后备、线路差动、线路过流均可正常跳闸，并对原试验报告进行了对比分析，认为试验数据符合规程要求。

随后检查到 1 号、2 号主变 35kV 中压侧保护装置 PCS－9681，发现装置中有跳闸时的故障量。主变两次误跳故障量见表 4－6。保护压板：过流保护Ⅰ、Ⅱ、Ⅲ段投入，零序保护Ⅰ、Ⅱ、Ⅲ段投入，过流负压闭锁投入。

表 4－6　　PCS－9681 装置报警信息

被保护设备	启动时间	保护信息	二次动作电流/A	一次动作电流/A
1 号主变	19:07	过流Ⅰ段	14.14	4242
1 号主变	19:07	保护启动	16.65	4995
1 号主变	19:09	过流Ⅰ段	17.1	5130
1 号主变	19:13	过流Ⅰ段	16.73	5019
2 号主变	20:02	过流Ⅰ段	12.48	3744
2 号主变	20:02	保护启动	11.68	3500
2 号主变	20:02	过流Ⅰ段	17.10	5130
2 号主变	20:02	过流Ⅰ段	16.73	5019

110kV 中心站变压器后备是双套保护装置设计，互为备用，分别为：主变成套后备保护装置（PCS－978）和 35kV 后备保护装置（PCS－9681）。经检查 110kV 中心站定值单，发现未按照两套保护方案设置整定值，保护出现漏整定。35kV 后备保护装置（PCS－9681）中设置有速断保护。根据继电保护整定规程，1 号、2 号主变已经设置变压器差动保护，可以保护主变内部故障，如果设置速断保护使范围延伸至下一级，使保护之间无法配合，会失去其选择性，因此主变后备侧无需设置速断保护，通过对两次跳闸故障量与设置定值比较，验证了两台主变 35kV 后备保护装置（PCS－9681）设置速断是误动作的主要原因：该装置保护范围延伸至线路末端，比同一级主变成套后备保护及下一级Ⅰ、Ⅱ心矿 1 线路保护装置更灵敏，下一级变电站母线短路跳闸故障量达到变压器速断值时，引起越级跳闸事故。

（6）加强专业培训，切实提高整定人员的业务素质和现场运行维护人员的技术水平，从源头上防止继电保护误整定。从事继电保护整定的专业人员一定要深入了解保护装置和被保护设备的性能和特点，并结合实际功能、整定定值，做到理论与实际相结合、装置与设备相结合。

【案例 4.6】 如图 4－4 所示，某 220kV 线路的第一线路保护整定通知书中“变化量启动电流定值”和“零序启动电流定值”的定值范围均为（0.1～0.5）I_n，即为 0.5～2.5A，而整定通知单中该两项定值均为 0.2A，都不在整定范围内的，会导致保护的误启动。

××电力调度调控中心

第一套保护（CSC-103A型）整定通知书

校验单位： 通知日期：

				额定电压220kV	TA 变比 1200/5 TV 变比 220/0.1
序号	定值名称	定值范围	单位	原定值	新定值
1	变化量启动电流定值	(0.1～0.5)I_n	A		0.2
2	零序启动电流定值	(0.1～0.5)I_n	A		0.2
3	差动动作电流定值	(0.05～2)I_n	A		0.4
4	线路正序容抗定值	8～6000	Ω		5000
5	线路正序容抗定值	8～6000	Ω		6000
6	本侧电容器阻抗定值	1～9000	Ω		9000
7	本侧小电容器阻抗定值	1～9000	Ω		9000
8	本侧识别码	0～65535			20131

图 4－4 220kV 变电站 220kV 线路保护整定通知书

【案例 4.7】 某 220kV 变电站的一条 220kV 线路，因连续多天阴雨，空气湿度较大，且某一铁塔又处于（距离变电站约 8.8km）水塘附近，引发绝缘子发生雾闪，线路两侧开关的 A 相均跳闸，重合成功后，同时引起 220kV 母线上另外一条 220kV 线路保护误动。

保护误动事故发生后，通过对误动线路的 RCS－902A 微机高频闭锁保护、微机光纤纵差保护动作报告中显示信息的分析，发现微机光纤纵差保护启动但未动作出口，导致该误动线路跳闸的唯一保护为工频变化量阻抗保护。核对该定值单，工频变化量阻抗保护一次整定值为 3Ω，TV 变比 220/0.1，TA 变比 1200/5，折算到二次值应为 0.33Ω；而发现 RCS－902A 装置内工频变化量阻抗保护定值仍为 3Ω（图 4－5），即未对其进行一、二次折算，从而当发生区外正方向故障时，误动线路的工频变化量阻抗保护误动作跳线路开关。

【案例 4.8】 某局因一次运行方式改变，需对 A 站的 110kV AB 线路的原运行定值进行调整，继保人员在执行新定值时，出现装置报警现象，定值无法固化。原因为 A 站 110kV AB 线路原运行时属单电源线路，原整定时按重合闸不检方式进行整定，后因 B 站新增一个小水电，需将 A 站 110kV AB 线路的重合闸方式调整为检线路无压兼检同期方式。

××电力调度调控中心

第二套保护（RCS-902A型）整定通知书

校验单位：　　　　　　　　　　　　　　　　通知日期：

			额定电压220kV	TA 变比 1200/5 TV 变比 220/0.1
序号	定值名称	定值范围	原定值	新定值
1	电流变化量启动值/A	$(0.1\sim0.5)I_n$		1
2	零序启动值/A	$(0.1\sim0.5)I_n$		1
3	工频变化量阻抗/Ω	$(0.5\sim37.5)/I_n$		3
4	TA变比系数	0.25～1.00		1
5	差动电流高定值/A	$(0.1\sim2)I_n$		2.5
6	差动电流低定值/A	$(0.1\sim2)I_n$		2
7	TA断线差流定值/A	$(0.1\sim2)I_n$		2
8	零序补偿系数	0～2		0.5

图 4-5　220kV 变电站 220kV 线路保护整定通知单

A 站 110kV AB 线路保护是 CSC161A 型 V1.01 版本的保护，该保护中的“重合闸检无压”控制字的实际含义是表示“检无压重合，若线路母线均有压时自动转检同期”，投入“重合闸检无压投入”控制字后即不能投入“重合闸检同期投入”控制字，若两者同时投入时会造成定值出错。整定人员在整定时不对该型号保护的说明书进行充分研读，凭往常的整定习惯将“重合闸检线路无压投入”和“重合闸检同期投入”这两项控制字同时投入，现场执行人员按整定通知单执行定值，所以导致了装置定值出错。

【案例 4.9】 某 220kV 变电站的一条 35kV 线路在投运过程中发现，在开关手车插回二次航插后，处于分位的 35kV 开关会自动合闸，并且该线路的保测装置不会发“控制回路断线”信号，而在二次航插插回后，装置的充电功能可以正常进行，在充电完成后装置便能进行合闸操作。经过检修人员的详细排查，发现该保测装置在系统定值部分存在一个控制字，而控制字的内容不在整定单中体现（图 4-6），是由厂家人员出厂设置。该控制字中有一项为“控制回路断线自检”，缺陷发生时，该控制字置数为零。而该控制字在置数为零的情况下，装置是不会判断控制回路断线的，即实际控回断线的情况下不会闭锁重合闸充电功能。所以 35kV 开关手车二次航插拔下无法闭锁重合闸充电功能，重合闸一直在充电状态，而在航插插回之后，装置检测到开关分位且线路无流，重合闸动作开关合闸。

控制字		003F
当前位D0		
1	频率补偿电压投入	1
2	频率补偿电流投入	1
3	低频减载滑差闭锁	1
4	低频减载电流闭锁	1
5	低压减载电流闭锁	1
6	接地选跳投入	1
7	控制回路断线自检	0

图 4-6　装置控制字

【案例 4.10】 某日，施工人员按计划对 10kV 馈线 F1 线路进行线路改造及检修，办理了第一种工作票，内容为：某 220kV 变电站 10kV F1 线路电缆改造及检修，工作结束后，值班人员于 15 时 52 分将 10kV F1 线路合闸送电成功；15 时 54 分，保护动作跳开

10kV F1 线路 701 开关，经查看保护信息，显示为零序Ⅲ段保护动作，值班人员现场查看开关等设备，情况良好，立即将开关跳闸情况通知当值调度及供电公司；17 时 16 分供电公司告知巡线未发现故障点；17 时 19 分，值班人员将 10kV F1 线路试送成功；17 时 26 分，10kV F1 线路零序Ⅲ段保护再次动作，701 开关再次跳闸，供电公司再次告知巡线未发现故障点；经继保专业人员处理后，20 时 25 分送电成功，线路恢复正常运行。

10kV F1 线路保护装置的型号为 CSL-201B 型，于 2000 年 4 月 7 日投产，具有过流保护、零序过流保护、重合闸、低周减载等功能，其中，零序过流保护设有Ⅰ、Ⅱ、Ⅲ段；设有跳闸出口、低周投入、电流Ⅰ段投入、电流Ⅱ段投入、零序Ⅰ段投入、零序Ⅱ、Ⅲ段投入共 6 块压板；开关 TA 变比为 400/1，零序 TA 变比为 75/1。

经查继保定检记录，发现 10kV F1 线路保护装置于 2008 年 2 月 18 日进行过外委保护定检。仔细比对计算发现，10kV F1 线路保护定值单要求整定的零序Ⅱ、Ⅲ段定值 20A 是现场保护装置显示的 0.27A 的 75 倍，75 倍正是零序 TA 变比 75/1。由此推理，当时外委定检人员在进行保护定检时，误认为定值单中的"$I_{02}=I_{03}=20A$"是一次值，在没有取得相关定值整定人员同意的情况下，将 20A 转换成二次值 0.27A [20/75=0.27(A)]，输入保护装置，造成该线路零序Ⅱ、Ⅲ段保护定值缩小 75 倍。

当天 10kV F1 线路停电进行电缆改造，由原来单一回路电缆改造为双回路电缆，即一台 10kV 馈线开关同时供两条电缆出线，同时对三相负荷进行了调整。调整后，线路三相负荷不平衡，产生了不平衡电流，且达到整定值 0.27A（一次值为 20A），引起零序过流Ⅲ段保护动作，跳开 10kV F1 线路 701 开关。

(7) 加强整定单管理。定期下发整定值有效清单，并根据清单定期进行现场定值单的全面核对，一般在迎峰度夏前。若年内定值变更频繁，则可在秋季安全大检查前增加一次核对。核对内容包括整定单的有效性和实际定值区设置的正确性。作废整定单应做好标识，并另行存放，不遗留在现场。

(8) 做好整定台账管理，及时记录定值变更、核对情况、定值区设置信息等。

(9) 微机保护的定值内容比传统保护多，特别是进口微机保护定值单，多达几十页，且包含大量的内部整定值。为提高定值校核的效率和现场定值输入的快速性，可对变更的定值项加以明显标识。

(10) 现阶段某些保护的设计回路还没形成统一的规范，不同的设计单位有不同的设计习惯，特别是对于一些可供整定的保护逻辑，有些设计单位将其对应信息均全部接入装置，实际是否需要再由整定进行投退，有些设计单位则有选择地将某些功能接入。若整定人员在整定这些保护时，不核对现场实际接线而盲目整定，当整定的方式不满足现场设备的实际回路接线时将会发生误整定。因此在执行新整定单时，必须详细记录定值区编号和对应的运行方式，即使只有一个定值区，也必须记录，且应在定值单、工作记录本上分别注明。

【案例 4.11】 某站 110kV 1 号主变接线组别是 Y/Y/D-11，该主变在设备投产带负荷测试时，发现主变差动保护存在较大差流，经检查发现主变差动 TA 实际接线是接入装置交流电流输入回路的第一、第二和第三侧，四侧是备用，但整定通知单则按第一、第二和第四侧进行整定，三侧备用（图 4-7），结果导致主变带负荷时出现较大的差流值。整定通知单与现场接线方式不一致将会引发计算结果偏差、定值不准等问题，易导致设备拒动、误动。

××供电局调控中心

PST671U型数字式变压器保护装置整定通知书

第YWJ2012-0171号（代原发号）检验单位：　　　　　　编制日期：

变电所：　　　　　设备名称：1号主变　第一套保护　额定电压：110kV　版本号：1.00-C

序号	名称	单位	原整定值	新整定值	备注
基本参数					
1	定值区号			01	
2	被保护设备				
变压器参数					
3	主变额定容量	MVA		40	
4	第一侧接线方式钟点数	无		12	110kV侧
5	第二侧接线方式钟点数	无		12	35kV侧
6	第三侧接线方式钟点数	无		11	不用
7	第四侧接线方式钟点数	无		11	10kV侧

图 4-7　某 110kV 变电站 1 号主变保护整定通知单

该站 1 号主变保护采用 PST671U 型的保护，如图 4-8 所示。整定人员在整定时没有

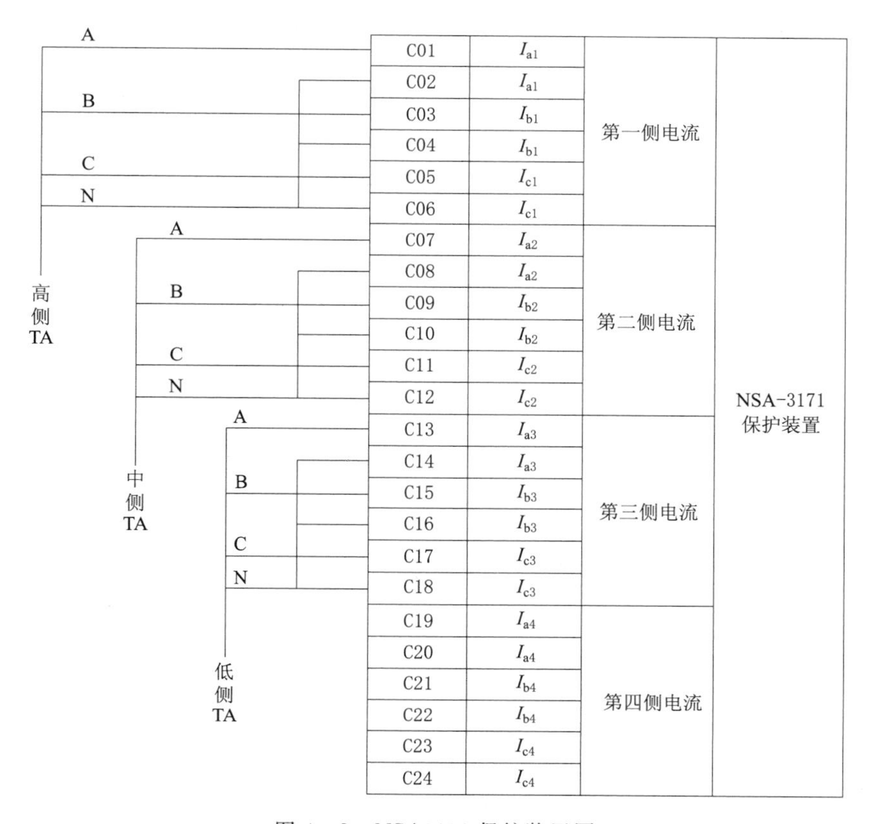

图 4-8　NSA3171 保护装置图

核对图样的实际接线，而以整定通知单上运行方式进行整定，将定值中的变压器接线方式KMODE定值按01（即变压器各侧接线方式为Y/Y－12/Y－12/D－11）来置定值，但该变电站实际接线是接入第一、第二、第三侧，即第三侧应是“D”接线非“Y”接线，正确整定应是02（即变压器各侧接线方式为Y/Y－12/D－11/D－11）。

（11）对新投产的继电保护装置定值，除执行下发的“整定通知书”外，还应正确整定“整定通知书”中未涉及或未详尽涉及的所有保护定值（如隐含定值、“现场定”的定值等）。一经确定，应在定值单上注明，以便下次定值核对。

（12）运行人员操作中调整定值（含换区），应执行操作票，定值单中主定值和整定说明等所有部分都必须完全执行。运行人员应独立进行操作票中定值的计算和核对，互不干扰。定值调整、核对完毕后打印定值，监护人和操作人签名后保存。

（13）定值核对工作是保证定值正确性的最后环节，也是非常关键的一个环节。定值核对的方法是否正确规范，是决定定值核对是否有效的关键。

1）定值单的打印必须在保护整组试验工作全部结束后工作票结束前进行，所有定值区都要打印，应先打印所有非正常定值区，再打印当前运行定值区。检修人员和运行人员核对定值应在现场进行，以便再次确认实际运行定值区的正确性。

2）无论定值变更内容多少，定值执行完毕的核对都必须全面、完整。不仅要核对本次修改的定值，还必须核对其他所有定值；不仅要核对投用定值，还要核对不投定值，不能遗漏定值单内的任何内容。除常规的整定值核对外，还须包括定值单中的系统参数（如TA变比、TV变比、额定值等）、整定说明部分等，并核对定值单内标注的“现场定”的相关定值、保护屏内设备的整定位置（如重合闸把手位置等）、实际定值区位置等。

3）要有极大的耐心对待定值核对工作。由于微机保护定值非常多，有些间隔，如旁路保护还有3～4套定值，核对工作量大而烦琐，若核对时不认真仔细，流于形式，则很难达到核对目的。正确的整定计算及执行是保护正确动作的2个重要条件。定值计算和执行中的任一环节出现差错都可能导致继电保护的不正确动作。因此，各相关部门、专业人员应互相协调，加强学习和交流，确保整定值的正确性。

第5章

常规变电站保护设备安全防范技术

变电二次设备现场作业（以下简称为现场作业）主要有八种类型的工作，即准备工作、设备拆除、设备安装、接线变更、设备试验、事故处理、验收及交底、带负荷试验。为进一步强化继电保护人员安全意识和责任意识，保证电网的安全，防止发生人身伤亡、设备损坏和继电保护“三误”事故，本章针对以上八种类型工作进行常规站二次运检安全防范技术的介绍以及案例进行梳理，供各检修人员学习和交流。

5.1 准备工作

5.1.1 作业前的准备工作

在二次运检工作开工前要做好相应准备，如图5-1所示。

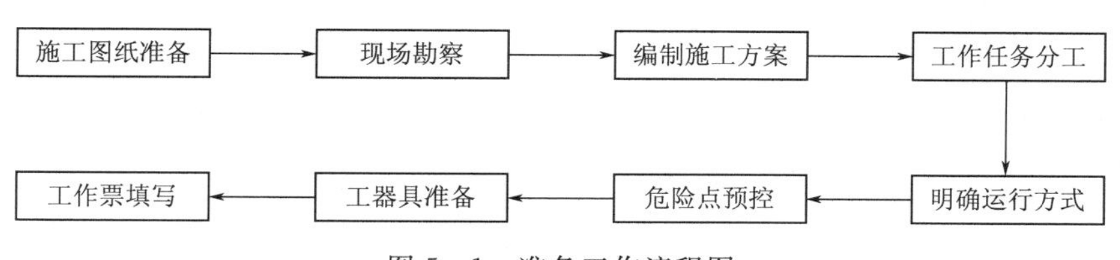

图5-1 准备工作流程图

（1）基建、技改、反措等工作实施前应做好施工图的设计交底和施工作业交底工作，设计交底的内容应包括工程涉及的范围、设计原则、施工注意事项、变动的设备及回路等；施工作业交底内容应包括本次作业的目的、工程涉及的范围、变动的设备及回路、作业危险点、试验项目、其他注意事项等。

（2）进行现场踏勘，根据现场作业环境，确定施工范围、停电范围，进行危险点分析，并制定组织措施、安全措施、技术措施。

（3）根据作业性质，编制施工方案、试验方案、作业指导书，必要时经相关部门审核批准。

（4）工作班成员明确分工，了解施工方案并熟悉图纸与检验规程等有关资料，学习、核对本次作业的作业指导书，对已运行的设备应核对图纸与实际设备是否相符。

（5）了解作业现场一次、二次设备运行情况，了解本作业与运行设备有无直接联系（如交直流回路、自投、联切等），与其他班组有无需要相互配合的工作。

（6）开展本次作业危险点分析并制订相应的预控措施，制订、审核本次作业的二次工作安全措施票。

（7）应具备与作业现场实际状况一致和施工作业需要的图纸、上次检验的记录、设备缺陷单、反措要求、合格的作业指导书、最新整定通知单、检验规程、技术说明书、合格的仪器仪表、齐备并合格的工器具和连接导线等。

（8）核对本次作业的工作票所载工作内容是否明确清晰，审查工作票所列安全措施是否准确、完备，是否满足现场安全作业的要求。

5.1.2 现场作业基本要求

作业危险点的分析预控应详尽、细致，并不能等同于工作所需的安全措施，特别要做好安全措施实施时的危险点分析和预控，见表5-1。

表5-1 现场作业要求

序号	危险点分析和预控
1	现场作业开始前，应检查已采取的安全措施是否符合要求，运行设备和检修设备之间的隔离措施是否正确完成，工作时还应仔细核对检修设备名称，严防走错间隔
2	在二次回路上带电作业时，必须由一人操作，另一人作监护。监护人由技术水平较高及有经验的人担任
3	工作人员在现场作业过程中，凡遇到异常情况（如断路器跳闸或直流系统接地等）时，不论与本身工作是否有关，应立即停止工作，保持现状，并与运行人员联系，待查明原因，确定与本工作无关时并经运行值班员许可后方可继续工作
4	一次设备运行在部分停运的二次设备上进行工作时，应特别注意断开跳合闸回路及与运行设备安全有关的连线，并做好妥善、可靠的安全措施
5	运行中设备的压板投退、开关切换、信号复归等只能由运行值班员负责操作。对运行中或作为安全措施的一次设备状态的改变，都应由运行值班人员根据规定操作，严禁其他人员擅自改变设备状态
6	作业过程中任何人员不得擅自更改二次工作安全措施票所列措施，如试验需要必须更改，须经工作负责人确认，并做好相应记录和安全措施后在监护下进行，试验完毕后应立即恢复，并经第二人检查确认
7	在全部或部分带电的运行屏上进行工作时，应将检修设备与运行设备前后以明显标示隔开
8	不允许在运行的继电保护、安全自动装置及自动化监控系统屏（柜）上钻孔。尽量避免在运行的继电保护、安全自动装置及自动化监控系统屏（柜）附近进行钻孔或进行任何有振动的工作，如要进行，应采取防止运行中设备误动作的措施，必要时向调度申请，经值班调度员或运行值班负责人同意，将相关设备暂时停用
9	在清扫运行中的设备和二次回路时，应认真仔细，并使用绝缘工具（毛刷、吹风设备等），特别要注意防止振动，防止误碰

5.1.3 二次作业工作票要求

1. 填用变电站第一种工作票的工作

（1）在高压室遮栏内或与导电部分的距离小于电力安全工作规程规定的安全距离内进

行二次设备及其回路的检查试验时，需将高压设备停电。

（2）在高压设备继电保护、安全自动装置和仪表、自动化监控系统等及其二次回路上工作时需将高压设备停电或采取安全措施。

（3）通信系统同继电保护、安全自动装置等复用通道（包括载波、微波、光纤通道等）的检修、联动试验时需将高压设备停电或采取安全措施。

【案例 5.1】 变电站第一种工作票。

变电站（发电厂）第一种工作票

单位：运维检修部（检修分公司）变电站××变

编号：××-××变-2019-03-BI-001

（1）工作负责人（监护人）：朱×× 班组：变电二次运检一班

（2）工作班人员（不包括工作负责人）。

张××，李××、刘××

共 3 人

（3）工作内容和工作地点。

工作内容： 仙灵 2Q08 保护及自动化校验，相关反措执行。

工作地点： 220kV 场地：仙灵 2Q08 间隔；220kV 继保室：仙灵 2Q08 间隔。

（4）简图：

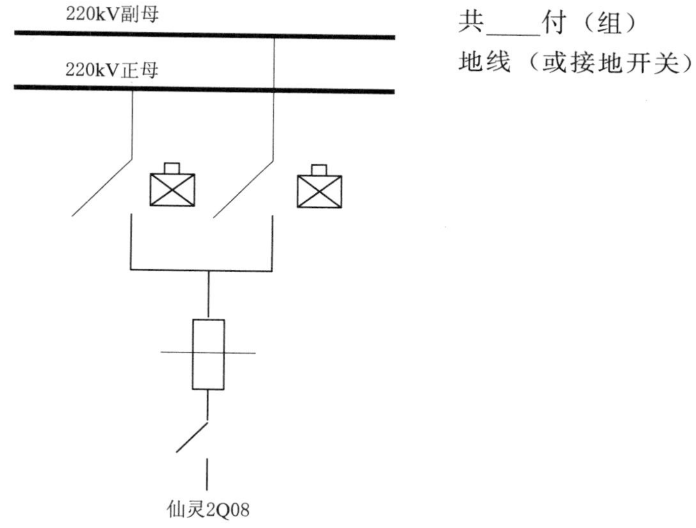

（5）计划工作时间。自____年____月____日____时____分至____年____月____日____时____分

（6）安全措施（下列除注明的，均由工作票签发人填写，地线编号由工作许可人填写，工作许可人和工作负责人共同确认后，在已执行栏内打“√”）。

序号	应拉开断路器、隔离开关（注意设备双重名称）	已执行
1	拉开仙灵 2Q08 线断路器、正母隔离开关、副母隔离开关、线路隔离开关	
2	拉开仙灵 2Q08 线路压变空气断路器	
3		

续表

序号	应装接地线或合接地开关(注明地点、名称和接地线编号)	已执行
1		
序号	应设遮栏或应挂设标示牌及防止二次回路误碰等措施	已执行
1	在工作地点放置“在此工作”标示牌	
2	相邻运行设备用红布遮栏	
3	在工作地点四周装设安全围栏,在安全围栏上悬挂“止步,高压危险”标示牌	
4		
序号	工作地点保留带电部位和注意事项	补充工作地点保留带电部位和安全措施
1	工作人员注意保持与带电部分的安全距离:220kV时不小于3.00m、110kV时不小于1.50m、35kV时不小于1.00m	相邻220kV母联开关间隔、1号主变220kV开关间隔带电
2		

工作票签发人签名：____金××____　　签发日期：____年　月　日　时　分____

(7) 收到工作票时间：____年　月　日　时　分____　运行值班人员签名：________

(8) 确认本工作票 (1) ～ (7) 项。

工作负责人签名：________　　工作许可人签名：________

许可开始工作时间：____年　月　日　时　分____

(9) 确认工作负责人布置的工作任务和安全措施。

工作班组人员签名：________________________

(10) 工作负责人变动情况。原工作负责人________离去，变更________为工作负责人。

工作票签发人：________　　____年　月　日　时　分____

(11) 工作人员变动情况 (变动人员姓名、日期及时间)。

____

工作负责人签名：________

(12) 工作票延期。有效期延长到____年　月　日　时　分____

工作负责人签名：________工作许可人签名：________　____年　月　日　时　分____

(13) 每日开工和收工时间 (使用一天的工作票不必填写)。

收工时间	工作负责人	工作许可人	开工时间	工作许可人	工作负责人

(14) 工作终结。全部工作于____年　月　日　时　分____结束，工作人员已全部撤离，材料工具已清理完毕。

工作负责人签名：________　　工作许可人签名：________

(15) 工作票终结。临时遮栏、标示牌已拆除，常设遮栏已恢复。

接地线编号：________等共______组、接地开关（小车）共______副（台）已拆除或拉开。

保留接地线编号：________等共______组、接地开关（小车）共______副（台）未拆除或未拉开，已汇报调度员______

值班负责人签名：________　　　　年　月　日　时

（16）备注。

1）指定专职监护人__________负责监护。

____

（人员、地点及具体工作）

2）其他事项（可附页）。

____

工作人员现场作业安全措施执行保证书

安全措施执行要求	工作开始前签名栏		工作结束后签名栏	
	姓　名	时　间 月日时分	姓　名	时　间 月日时分
（1）开工前全员集合面对工作负责人，工作人员相互检查着装，防护用品配备及健康状况。 （2）认真听取工作负责人"二交一查"，有疑问当场问清。 （3）对工作任务明确，已清楚个人岗位职责；个人分工任务符合本人业务技术水平和工作能力要求。 （4）已明确本人工作范围、地段及工作设备、杆塔的具体名称及设备双重编号。 （5）已清楚保留带电设备、导体具体方位，明白保证安全的安全技术措施。 （6）了解工作票及专项安全措施卡上有关本人工作点的要求并确证到位；熟记工作中安全注意事项并执行。 （7）必备的工器具包括试验仪器、仪表齐全合格，已完成开工准备个人职责任务。 （8）工作中遵章守纪，服从指挥，安全作业相互监督关心，保质保量及时完成任务。 （9）"二交一查"后，工作班成员明确并同意上述要求承诺，在右侧栏中签名				

2. 填用变电站第二种工作票的工作

（1）继电保护装置、安全自动装置、自动化监控系统在运行中改变装置原有定值时不影响一次设备正常运行的工作。

（2）对于连接电流互感器或电压互感器二次绕组并装在屏柜上的继电保护、安全自动装置上的工作，可以不停用所保护的高压设备或不需要安全措施。

（3）在继电保护、安全自动装置、自动化监控系统等及其二次回路，以及在通信复用通道设备上检修及试验工作，可以不停用高压设备或不需要安全措施。

5.1.4 二次工作安全措施票

在运行设备的二次回路上进行拆、接线工作，在对检修设备进行隔离措施时，需拆断、短接和恢复同运行设备有联系的二次回路工作时应填用二次工作安全措施票。

二次工作安全措施票的内容应根据所涉及工作的实际情况，对照符合现场实际的图纸资料，结合一次、二次设备的运行方式制订。在明确所做工作的具体内容及所需运行条件的基础上，逐条列出保证安全地开展工作的措施，包括应记录压板、切换开关等的原始状态，打开及恢复的压板、直流线、交流线、信号线、连锁线和连锁开关等，按工作顺序填写安全措施。

二次工作安全措施票的工作内容及安全措施内容由工作负责人填写，由技术人员或班长审核并签发。

在工作前做安全措施时，认真对照已审批过的安全措施票逐条执行，并在"执行"栏打"√"。工作结束恢复时，逐条在"恢复"栏打"√"，如在执行过程中有与实际不相符的，应认真检查核实，确认无误后方可实施。

上述工作至少由两人进行。监护人由技术水平较高及有经验的人担任，执行人、恢复人由工作班成员担任，按二次工作安全措施票的顺序进行。相应执行人、监护人、恢复人各方应在相关工作完成后分别签字确认。

常见保护调试的安全措施主要从电流回路、电压回路、控制回路、信号回路、联跳回路来考虑。

【案例 5.2】 线路保护调试安全措施票。

××供电公司继电保护工作安全措施票

________变电所第______号第______种工作票继电保护工作安全措施附页

（1）工作许可后工作班应根据__________号图纸执行下列二次回路的安全措施。

序号	安全措施内容	执行	恢复
1	检查并记录保护装置的压板、空气开关、切换把手的初始位置（试验后恢复到原状态）	√	
2	电流回路：短接电流 A、B、C、N 对应的端子外侧，断开中间连片，并用绝缘胶布封好（防止电流回路开路，防止人员触电，防止测试仪的交流电流倒送 TA）	√	
3	电压回路：断开 A、B、C、N、U_x、U_{xN} 对应端子的中间连片，并用绝缘胶布封好（防止电压回路短路，防止人员触电，防止测试仪的交流电流倒送 TV）	√	
4	控制回路：取下跳合闸出口压板，拆开跳合闸回路内配线，并用绝缘胶布包好（防止保护试验时误动）	√	
5	信号回路：拆除录波、监控、中央信号正电源外侧电缆接线，并用绝缘胶布包好（防止试验动作报告误传送到故障录波器、监控后台，频繁形成 SOE 报文）	√	
6	联跳回路：失灵启动回路，取下 A、B、C 失灵启动压板，拆开失灵启动回路线头，用绝缘胶布包好（防止线路保护校验误启动失灵）	√	

附页填写人签名：__________附页签发人签名__________ ______年____月____日

（2）工作中、工作班负责人补充实施下列安全措施。

工作负责人签名：＿＿＿＿＿＿

序号	安全措施内容	执行	恢复

（3）上述安全措施在＿＿＿＿＿＿监护下由＿＿＿＿＿＿执行。时间＿＿＿＿月＿＿＿日＿＿＿时＿＿＿分

（4）上述恢复工作在＿＿＿＿＿＿监护下由＿＿＿＿＿＿执行。时间＿＿＿＿月＿＿＿日＿＿＿时＿＿＿分

（5）工作结束。

工作负责人签名：＿＿＿＿＿＿工作许可人签名：＿＿＿＿＿＿。时间＿＿＿＿月＿＿＿日＿＿＿时＿＿＿分

【案例 5.3】 母线保护调试安全措施票。

××供电公司继电保护工作安全措施票

＿＿＿＿＿＿＿＿变电所第＿＿＿号第＿＿＿种工作票继电保护工作安全措施附页

（1）工作许可后工作班应根据＿＿＿＿＿＿号图纸执行下列二次回路的安全措施。

序号	安全措施内容	执行	恢复
1	检查并记录保护装置的压板、空气开关、切换把手的初始位置（试验后恢复到原状态）	√	
2	电流回路：短接各个支路的 A、B、C、N 对应的电流端子外侧，断开中间连片，并用绝缘胶布封好（防止电流回路开路，防止人员触电，防止测试仪的交流电流倒送 TA）	√	
3	电压回路：断开正、副母电压对应端子的中间连片，并用绝缘胶布封好（防止电压回路短路，防止人员触电，防止测试仪的交流电流倒送 TV）	√	
4	控制回路：取下各支路跳闸出口压板，拆除各支路跳闸回路内配线，并用绝缘胶布包好（防止保护试验时误动）	√	
5	信号回路：拆除录波、监控、中央信号正电源外侧电缆接线，并用绝缘胶布包好（防止试验动作报告误传送到故障录波器、监控后台，频繁形成 SOE 报文）	√	
6	联跳回路：		

附页填写人签名：＿＿＿＿＿＿附页签发人签名＿＿＿　＿＿＿年＿＿月＿＿日

（2）工作中、工作班负责人补充实施下列安全措施。

工作负责人签名：＿＿＿＿＿＿

序号	安全措施内容	执行	恢复

（3）上述安全措施在＿＿＿＿＿＿监护下由＿＿＿＿＿＿执行。时间＿＿＿＿月＿＿＿日＿＿＿时＿＿＿分

（4）上述恢复工作在＿＿＿＿＿＿监护下由＿＿＿＿＿＿执行。时间＿＿＿＿月＿＿＿日＿＿＿时＿＿＿分

（5）工作结束。

工作负责人签名：__________工作许可人签名：__________。时间______月______日______时______分

【案例 5.4】 主变保护调试安全措施票。

××供电公司继电保护工作安全措施票

__________变电所第__________号第__________种工作票继电保护工作安全措施附页

（1）工作许可后工作班应根据__________号图纸执行下列二次回路的安全措施。

序号	安全措施内容	执行	恢复
1	检查并记录保护装置的压板、空气开关、切换把手的初始位置（试验后恢复到原状态）	√	
2	电流回路：短接高中低各侧的A、B、C、N对应的电流端子外侧，断开中间连片，并用绝缘胶布封好（防止电流回路开路，防止人员触电，防止测试仪的交流电流倒送TA）	√	
3	电压回路：断开高中低各侧电压对应端子的中间连片，并用绝缘胶布封好（防止电压回路短路，防止人员触电，防止测试仪的交流电流倒送TV）	√	
4	控制回路：取下各侧断路器的跳闸出口压板，拆除各侧跳闸回路内配线，并用绝缘胶布包好（防止保护试验时误动）	√	
5	信号回路：拆除录波、监控、中央信号正电源外侧电缆接线，并用绝缘胶布包好（防止试验动作报告误传送到故障录波器、监控后台，频繁形成SOE报文）	√	
6	联跳回路：失灵启动回路，取下失灵启动压板，拆开失灵启动回路线头，用绝缘胶布包好（防止主变保护校验误启动失灵）		

附页填写人签名：__________附页签发人签名__________ ______年____月____日

（2）工作中、工作班负责人补充实施下列安全措施。

工作负责人签名：__________

序号	安全措施内容	执行	恢复

（3）上述安全措施在__________监护下由__________执行。时间______月______日______时______分

（4）上述恢复工作在__________监护下由__________执行。时间______月______日______时______分

（5）工作结束。

工作负责人签名：__________工作许可人签名：__________时间______月______日______时______分

5.2 设备拆除

设备拆除工作包括保护屏（柜）、控制屏（柜）、公用设备屏（柜）、自动装置、端子箱等的拆除，设备拆除前应严格按照要求做好相应的安全措施，确保被拆设备的退出不影响其他设备的正常运行。

5.2.1 拆除作业的安全防范措施

断开被拆设备各来电侧交流、直流电源小开关（或熔丝），确保设备拆除过程中不影响上、下级电源回路的正常运行。

完成与运行设备有关的交流、直流电压回路的过渡（如公用二次小母线、断路器操作电源等），确保被拆二次设备的退出不影响其他设备的安全运行。

被拆设备中如串接运行设备有关的电流回路，应做好与运行设备有关的电流回路隔离措施，防止造成运行设备误动或异常。

被拆设备与运行设备有关的联跳回路应在运行设备侧拆除，并可靠隔离。

在拆除设备作业过程中仔细慎重，避免振动或撞击相邻设备，采取措施防止相邻设备误动，必要时停用由于振动可能会误动的相邻二次设备。

拆除相邻屏（柜）间固定螺栓，防止被拆屏（柜）移动时造成运行设备倾倒。

5.2.2 公用小母线拆接的安全防范措施

（1）小母线断开和连接作业时应遵守以下安全防范措施：

1）小母线断开和连接前应核对图纸与现场实际，确定开接方案及安全措施，做好危险点分析和预控，必要时停用相关设备（防止失压引起装置误动）。

2）拆除工作至少应有4人同时进行，并明确分工，一人操作，一人监护，第三人监视相邻屏（柜）电源回路，第四人负责地面监护。

3）使用合适的操作台，操作台应结实牢固，为绝缘体，防止造成操作人员在操作过程中跌落或发生人身触电事故。

4）应按照在带电的电压互感器二次回路上工作时的相关要求开展作业。在搭接、开断、接入小母线时，要防止小母线短路、接地、小母线开路及工作人员人身触电。要防止在拆开、固定小母线端子（槽铁）时引起小母线接地及短路。

5）拆除连接导线或电缆前应做好电源过渡工作，并对被拆连接导线或电缆逐一进行查线核对，确保连接导线或电缆的拆除不会引起相邻设备失去电源回路。

6）临时跨接用的电缆，应首先对两侧的回路（接入点）用电压表核对是否同相或同名端，并核对相应回路编号，正确后方可搭接，防止错相或不同母线电压回路错接事件。临时跨接用的电缆应走电缆层，并固定牢固。

7）连接（拆除）小母线临时跨接电缆（图5-2）及搭接小母线时，须在两侧同时进行，并连接（拆除）一芯确认一芯。对拆除的芯线应及时用绝缘胶布包扎。要防止在作业过程中通过小母线产生寄生回路，避免对保护装置产生不良影响。恢复导线或电缆应逐一进行，先恢复新建设备侧，再恢复运行设备侧；先恢复远端回路，再恢复近端回路。

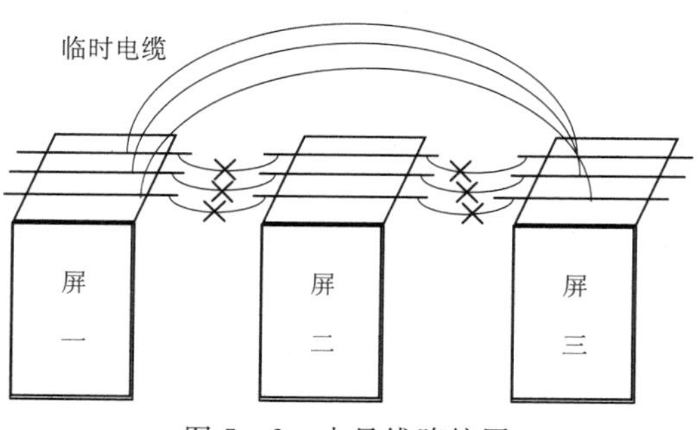

图5-2 小母线跨接图

(2) 对于小母线（铜棒）分别布置在每块屏（柜）上方，其相邻屏（柜）之间的小母线用导线连接的设备进行小母线拆除和恢复时，还应注意旧屏（柜）拆除及新屏就位前，应将相邻运行小母线端部用绝缘耐磨套管进行隔离，移屏时应特别注意保持相邻运行小母线之间的距离，以防小母线接地及短路。

以辐射形电缆布置代替小母线供电的方式，进行公用电源回路拆除和恢复时，还应注意拆除作为小母线使用的连接电缆须在两侧同时进行，并先拆电源侧。作业时应拆除一芯确认一芯，恢复电缆时顺序相反。

(3) 对公用小母线布置在一列屏（柜）上方，处于一列中间位置的屏（柜）小母线拆除和恢复时，还应注意以下事项：

1) 从运行中小母线下移屏或拆屏时，应用绝缘物适当增高小母线，以增加屏位移动空间，并在小母线及端子下垫绝缘板防止引起小母线接地及短路。

2) 若要开断小母线，开断工具应做好绝缘措施。在开断前，被开断母线与相邻设备及其他小母线间，应用耐磨绝缘材料做好隔离。

3) 开断小母线应逐一进行，先开断近端，再开断远端，恢复时顺序相反。

5.2.3 电缆拆除及敷设的安全防范措施

1. 控制电缆拆除

(1) 旧电缆拆除前应做好核对工作，应核对由运行部门提供的详细现场图纸资料，并根据电缆的走向认定两侧走向无误，先断开运行设备侧电缆接线，再断开另一侧电缆接线，两侧对线进行导通确认，无误后方可拆除。

(2) 电缆拆除应通过专用螺丝刀逐个拆离端子并做好绝缘隔离（如绝缘胶布包扎等），不得使用钢丝钳或采用其他方式切断整条电缆，防止由于电缆切断过程中引起的二次回路短路。

(3) 在旧屏（柜）控制电缆拆除前必须做好每根电缆线芯的标记，并确认每个电缆接线头已做好绝缘措施，方可将电缆从旧屏（柜）中抽出。

(4) 核对电缆芯线时应先用合适的电压表确认无压后，方可对线。

2. 控制及通信电缆敷设

(1) 电缆敷设时，电缆应从盘的上端引出，不能将电缆在支架上及地面摩擦拖拉。电缆上不得有铠装压扁、电缆绞拧、护层折裂等未消除的机械损伤。

(2) 电缆敷设时应排列整齐，不宜交叉，并加以固定，及时装设标志牌，如图 5-3 所示。

3. 光缆施放

(1) 在光纤敷设过程中无论是铠装光缆还是尾纤（或软光缆），都必须保证其所有弯折处的曲率半径均大于光纤外直径的 20 倍，接头部位应平直不受力，以确保光束在光纤中的可靠传输。

(2) 现场制作的光纤及通信线应经检测合格后方能使用，检测数据应记录保存。

(3) 光缆端部均应加装号牌并表明其光缆/电缆编号、两侧安装地点等参数，不使用的光纤适配器及连接器应盖上塑料帽，接头盒应固定牢固。

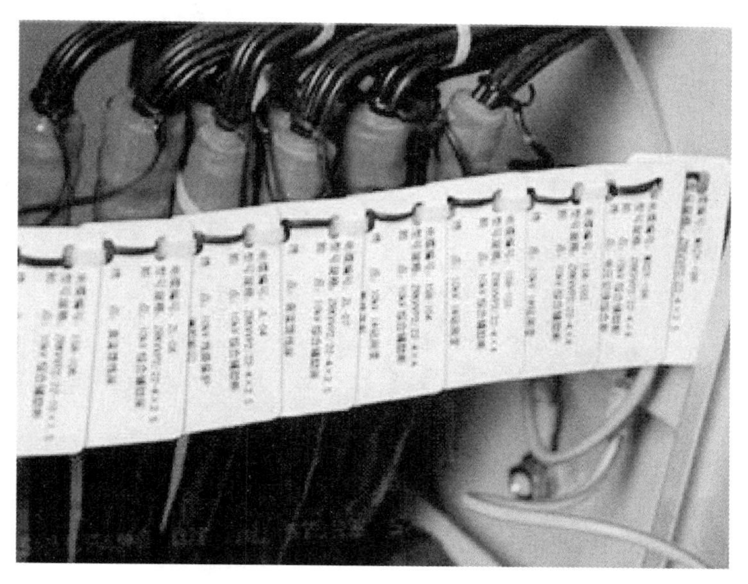

图 5-3 电缆排列挂牌

4. 其他通信电缆施放

(1) 通信电缆端部均应加装号牌并表明其光缆/电缆编号、两侧安装地点等参数。

(2) 采用屏蔽双绞线的用于串行通信的通信线及通信电缆，其屏蔽层应接地。用于小室内各装置间通信的通信线，其中位于屏外部分需加装护套。

(3) 采用公共接地系统的通信方式，必须采取隔离措施，以防止因两侧接地点电位差引起干扰影响正常工作。

(4) 小室内各装置之间通信若需采用公共接地系统的通信方式时也应考虑上述问题，应确保两侧信号地线处于在同一电位。

5. 电缆的排列与固定

电力电缆和控制电缆不应配置在同一层支架上。高低压电力电缆和强电、弱电控制电缆应按顺序分层配置，一般情况宜由上而下配置。

引入屏柜的电缆应可靠固定在屏柜上，固定电缆的要求如下：

(1) 垂直敷设或超过 45°倾斜敷设的电缆，在每个支架上、桥架上每隔 2m 处固定。

(2) 水平敷设的电缆，在电缆首末两端及转弯、电缆接头的两端处固定；当对电缆间距有要求时，每隔 5～10m 处固定。

(3) 单芯电缆的固定应符合设计要求。

交流系统的单芯电缆或分相后的分相铅套电缆的固定夹具不应构成闭合磁路。裸铅（铝）套电缆的固定处应加软衬垫保护。护层有绝缘要求的电缆，在固定处应加绝缘衬垫。

5.2.4 电缆沟封堵的安全防范措施

电缆进入电缆沟、隧道、竖井、建筑物、屏（柜）以及穿入管子时，出入口应用防火堵料封闭，如图 5-4 所示。

图 5-4 电缆沟封堵

5.2.5 屏蔽接地的安全防范措施

开关场至保护室的用于集成、微机型保护的电流、电压、信号触点引入线应采用屏蔽电缆，屏蔽层两端应同时可靠接地。

根据开关场和一次设备安装的实际情况，应敷设与厂、站主接地网紧密连接的等电位接地网。等电位接地网应满足以下要求：

（1）应在主控室、保护室、敷设二次电缆的沟道、开关场的就地端子箱及保护用结合滤波器等处，使用截面积不小于 $100mm^2$ 的裸铜排（缆）敷设与主接地网紧密相连的等电位接地网。

（2）在主控室、保护室屏柜下层的电缆夹层内，按屏柜布置的方向敷设 $100mm^2$ 的专用接地铜排（缆），将该专用接地铜排（缆）首末端连接，形成保护室内的等电位接地网。保护室内的等电位接地网必须用至少 4 根以上、截面积不小于 $50mm^2$ 的铜排（缆）与厂、站的主接地网在电缆竖井处可靠连接。

（3）静态保护和控制装置的屏柜下部应设有截面积不小于 $100mm^2$ 的接地铜排。屏柜上装置的接地端子应用截面积不小于 $4mm^2$ 的多股铜线和接地铜排相连。接地铜排应用截面积不小于 $50mm^2$ 的铜缆与保护室内的等电位接地网相连。

（4）沿二次电缆的沟道敷设截面积不小于 $100mm^2$ 的裸铜排（缆），构建室外的等电位接地网。该铜排（缆）延伸与保护室内的等电位接地网连接；有必要时，还应延伸到通信机房，便于保护相关的通信设备部分的接地。在开关场一侧，由该铜排（缆）焊接多根截面积不小于 $50mm^2$ 的铜导线，分别延伸至保护用结合滤波器的高频电缆引出端口，距耦合电容器接地点 3～5m 处与主地网连通。上述铜导线应放置在电缆沟的电缆架顶部。

（5）分散布置的保护就地站、通信室与集控室之间，应使用截面积不少于 $100mm^2$ 的，紧密与厂、站主接地网相连接的铜排（缆）将保护就地站与集控室的等电位接地网可靠连接。

(6) 开关场的就地端子箱内应设置截面积不小于 100mm^2 的裸铜排，并使用截面积不小于 100mm^2 的铜缆与电缆沟道内的等电位接地网连接。

(7) 保护及相关二次回路和高频收发信机的电缆屏蔽层应使用截面积不小于 4mm^2 多股铜质软导线可靠连接到等电位接地网的铜排上。

(8) 在开关场的变压器、断路器、隔离开关、结合滤波器，以及电流、电压互感器等设备的二次电缆应经金属管从一次设备的接线盒（箱）引至就地端子箱，并将金属管的上端与上述设备的底座和金属外壳良好焊接，下端就近与主接地网良好焊接。在就地端子箱处将这些二次电缆的屏蔽层使用截面积不小于 4mm^2 多股铜质软导线可靠单端连接至等电位接地网的铜排上。

(9) 滤波器一次、二次绕组间的接地连线应断开。在控制室内，高频同轴电缆屏蔽层用 1.5～2.5mm^2 的多股铜线直接接于保护屏接地铜排。收发信机应有可靠、完善的接地措施，并与保护屏接地铜排相连。

(10) 所有隔离变压器（电压、电流、直流逆变电源、导引线保护等）的一次、二次绕组间必须有良好的屏蔽层，屏蔽层应在保护屏可靠接地。

(11) 在干扰水平较高的场所，或是为取得必要的抗干扰效果，宜在敷设等电位接地网的基础上使用金属电缆托盘（架），并将各段电缆托盘（架）与等电位接地网紧密连接，并将不同用途的电缆分类、分层敷设在金属电缆托盘（架）中。

(12) 安装在通信室的保护专用光电转换设备与通信设备间应使用屏蔽电缆，并按敷设等电位接地网的要求，沿这些电缆敷设截面积不小于 100mm^2 的铜排（缆）可靠与通信设备的接地网紧密连接。

(13) 结合滤波器引入通信室的高频电缆，以及通信室至保护室的电缆宜按上述要求敷设等电位接地网，并将电缆的屏蔽层两端分别接至等电位接地网的铜排。

5.3 设备安装

5.3.1 立屏工作的安全防范措施

(1) 端子箱、保护屏、测控屏等设备的安装就位应保证足够的施工人员，统一指挥，协同作业，如图 5-5 所示。

图 5-5 立屏工作

(2) 端子箱、保护屏、测控屏等设备安装就位后，必须立即进行固定，紧固相应安装螺丝，严禁浮放，防止新建设备倾倒造成人员伤亡或设备损坏事故。

5.3.2 二次回路安装的安全防范措施

(1) 控制电缆的每个插入式接线端子并接芯线数不得多于 2 芯，且不允许不同截面积的导线并接在同一端子；交流电流回路每个插入式接线端子只允许接1芯导线。

(2) 控制电缆导线近端子排接引处预留长度应适当，且各导线预留长度裕量一致。

(3) 控制电缆端子排上导线芯线端部弯曲应顺时针方向，且大小合适。

(4) 剖接控制电缆应使用合适的专用工具，防止由于工具使用不当损坏电缆绝缘。

(5) 电缆芯线的捋直应用手捋直，不宜用瞬时加力扽直的方法，防止损伤电缆芯线。

(6) 交流、直流回路不得合用同一条电缆。

(7) 不同控制回路不得合用同一条电缆。

(8) 端子箱及屏内裸露线头必须用绝缘带进行包扎，并与运行设备可靠隔离；屏内不用导线和电缆应拆除。

(9) 正电源与跳合闸回路、正电源与负电源回路、交流电流与交流电压回路、交流回路与直流回路间的端子布置应至少间隔一个端子，且绝缘可靠。

5.3.3 搭接工作的安全防范措施

(1) 变电所扩建、技改工程涉及运行设备的电缆搭接工作必须在新建设备施工完毕，验收合格后，方可由施工单位向运行单位申请进行搭接。

(2) 变电所扩建、技改工程的电缆搭接工作，新建设备侧由施工单位负责，运行设备侧由运行单位负责；先搭接新建设备侧，再搭接运行设备侧。

(3) 变电所扩建、技改工程涉及运行开关传动试验工作一般由运行单位担任工作负责人及安全监护人。

5.3.4 继电保护设备安装安全防范措施案例

【案例5.5】 端子未有效隔离导致220kV开关无故障跳闸

1. 事件概述

220kV变电站220kV线路开关跳开，线路第一套、第二套保护装置仅有保护启动信号，无任何保护动作信号。

2. 原因分析

线路测控装置分闸回路端子排内侧分闸出口端子软铜线接头处（厂家配线）有根细铜丝裸露，如图5-6所示，且分闸出口端子与公共电源端子之间无空端子隔离，端子排细微晃动引起裸露铜丝与正电源端子碰触，导致手动分闸回路导通，造成线路开关跳闸。

3. 暴露的问题

安装施工过程未严格把控工艺质量。

4. 防范措施

根据《火电发电厂、变电所二次接线设计技术规程》（DL/T 5136—2012）第7.4.7条款“正、负电源之间以及经常带电的正电源与合闸或跳闸回路之间的端子排应以一个空端子隔开”，建议分、合闸出口端子与公共电源端子以一个空端子隔开。

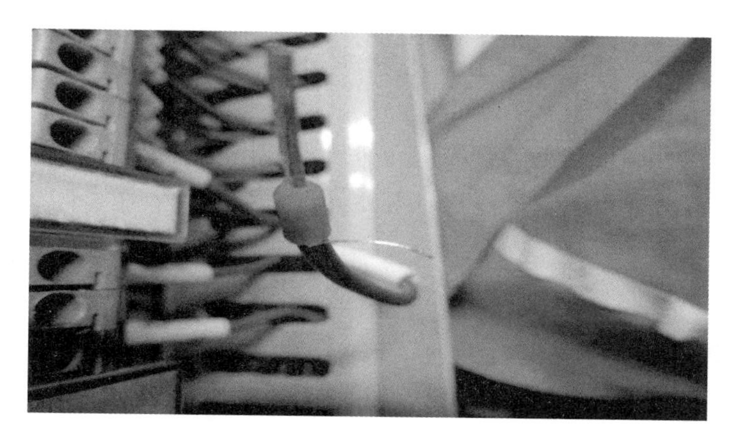

图 5-6　分闸出口端子电线接头

【案例 5.6】 短接片施工工艺不良导致线路单相故障开关三跳

1. 事件概述

500kV 线路 C 相故障，第二套后备保护跳 C 相后三跳，同时边开关“重合闸闭锁”灯亮。

2. 原因分析

线路近端 C 相瞬时性接地故障，第一套主保护、后备保护、第二套主保护均正确动作，单跳边开关和中开关 C 相。第二套后备保护 C 相跳闸后，因 B 相正常运行且与 C 相短路，C 相仍有电流存在（有效值 0.14A），250ms 后补发三跳令，跳开边开关三相。

线路第二套保护电流回路接线如下：TA 二次级→主保护装置→端子排→后备保护装置→端子排。检修人员在对后备保护端子排接线检查中发现，端子排上 B 相电流两处的短接片与 C 相电流两处的短接片金属部分工艺粗糙，相互间的隔离裕度不足，长时间运行后发生位移，导致短接片有接触，造成 B、C 两相短路，如图 5-7所示。

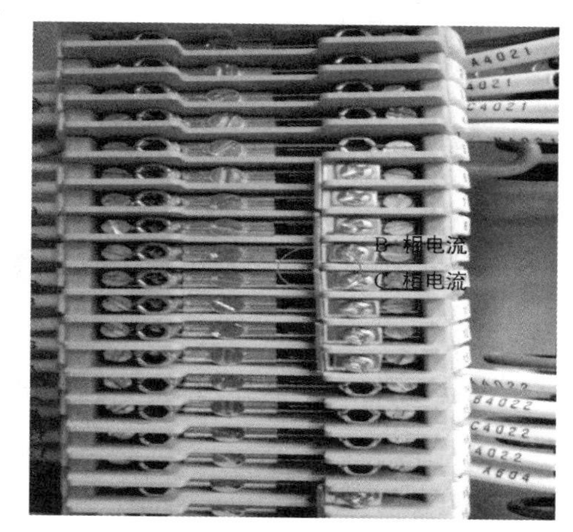

图 5-7　第二套线路后备保护电流端子排

3. 暴露的问题

安装施工过程未严格把控工艺质量。

4. 防范措施

(1) 将第二套保护端子排 A、B、C、N 短接片进行移位，形成左右错位布置，避免短接情况发生，并将短接片错开布置纳入工程验收标准。

(2) 加快进口保护的国产化改造。

(3) 加强区外故障后非故障线路的故障录波波形分析，将保护装置的采样值检查纳入每月设备全面巡视范围，及早发现隐性缺陷。

【案例5.7】 开关端子箱电流端子虚接造成主变差动保护动作

1. 事件概述

220kV主变无故障情况下第一套保护A相出现差流，差流大于定值造成主变第一套差动保护动作。

2. 原因分析

由于气温骤降电缆受热膨胀冷缩向下拉，开关端子箱内110kV A相电流端子螺栓压接不紧造成虚开引起差流，造成第一套差动保护动作。

3. 暴露的问题

安装施工过程未严格把控工艺质量。

4. 防范措施

（1）加强持卡验收管理，建立继电保护“精益化”首检机制，把好验收关，实现“精益化”管理关口前移，及时消除隐蔽工程缺陷。

（2）检修运维单位加强二次设备红外测温工作，重点针对电流回路进行核查，特别是户外端子箱、变压器差动保护、母线差动保护、线路纵联差动保护的电流回路。

5.4 接线变更

5.4.1 现场工作应按图纸进行，严禁凭记忆工作

如发现图纸与实际接线不符时，应查线核对，查明原因，并按以下程序执行：

（1）如现场无法确认，应暂停工作，并汇报主管技术部门。

（2）如实际接线错误，图纸正确，应按图纸及时修改实际接线，并汇报主管技术部门。

（3）如图纸错误，实际接线正确，应汇报主管技术部门并按正确接线及时修改更正图纸，然后记录修改理由、日期，由修改人签名，并经主管技术部门确认。

5.4.2 对运行中的二次设备的外部接线进行改动

若对运行中的二次设备的外部接线进行改动，必须履行如下程序：

（1）编制申请改动联系单，申请改动联系单应包含改动的内容和原因、建议修改方案，报技术主管部门。

（2）具有正式的设计联系单或技术主管部门的工作联系单；执行完毕后由施工单位在原图上做好修改并签字确认。

（3）拆动接线前先要与原图核对。

（4）拆动二次回路时必须逐一做好记录，恢复时严格核对。

（5）接线改动后，应做相应的试验验证，确认回路、极性及整定值完全正确，然后交由值班运行人员验收后再申请投入运行。

（6）接线修改后要与新图核对，并及时修改底图，修改运行人员及有关各级工作人员

用的图纸并签字，修改后的图纸应及时报送技术主管部门。

（7）二次线变动或改进应严防产生寄生回路，废弃的导线应拆除。

5.4.3 二次回路接线变更及图纸管理安全防范措施案例

【案例 5.8】 二次回路设计错误造成开关拒分

1. 事件概述

220kV 变电站 110kV 线路保护动作，断路器跳闸，重合闸动作断路器合闸，后加速保护动作，断路器未分闸；1 号主变 110kV 后备保护动作，跳开 110kV 母分断路器和 1 号主变 110kV 断路器。

2. 原因分析

造成本次故障范围扩大的主要原因是 110kV 线路断路器在重合后加速保护动作后拒动。线路断路器控制回路接线如图 5－8 所示，在气压不足闭锁启动回路中串接了“弹簧未储能”接点后，在断路器正常储能情况下对断路器没有影响，但是一旦进行合闸（或重合）操作，则断路器合闸弹簧释能，“弹簧未储能”接点闭合（储能时间约需 9s），TYJ 分闸闭锁继电器动作，断开断路器跳闸回路，导致断路器重合闸后加速保护动作，断路器拒动。

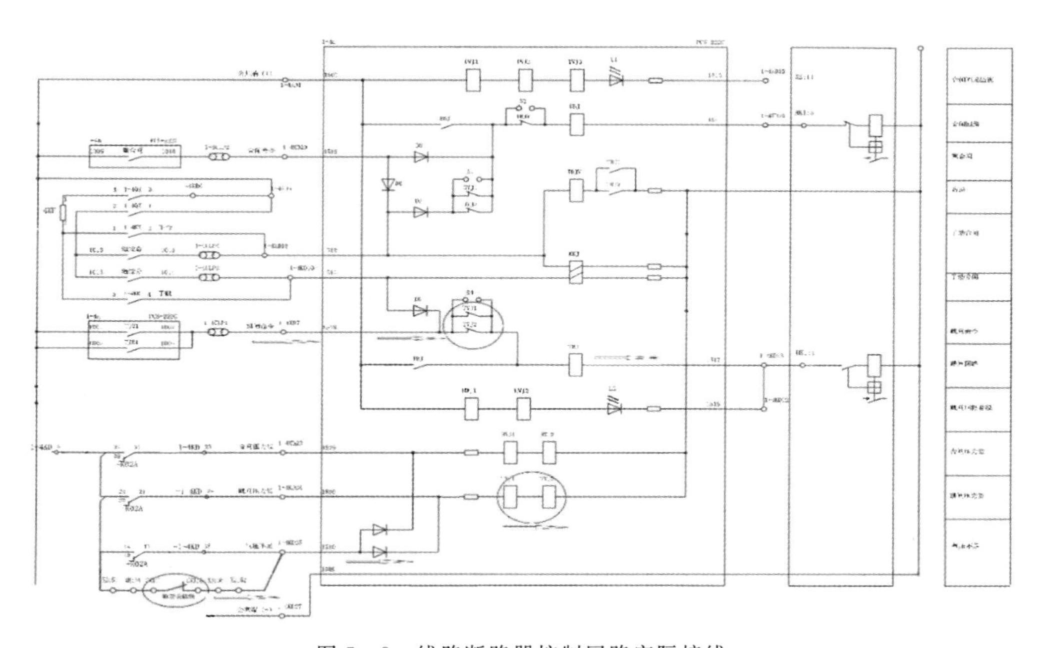

图 5－8　线路断路器控制回路实际接线

3. 暴露的问题

施工图交底环节管控不严，未能及时发现回路存在弹簧储能接点会闭锁断路器分闸回路的安全隐患。

4. 防范措施

加强施工图交底环节的管控，及时发现可能存在的设备安全隐患。

【案例 5.9】 未考虑操作箱双重化的回路变更造成线路单相瞬时保护三跳

1. 事件概述

220kV 线路发生 C 相瞬时接地故障，第一套保护正确动作，第二套保护动作三相跳闸，重合闸未动作。

2. 原因分析

第二套保护操作箱 2K 接点闭锁重合闸开入为“1”，2K 继电器动作是由合后位置继电器 K 接点动作启动的，如图 5-9 所示。而第二套操作箱手分、手合接点未接入，无法实现手分闭锁重合闸回路及手合复归重合闸闭锁回路功能。

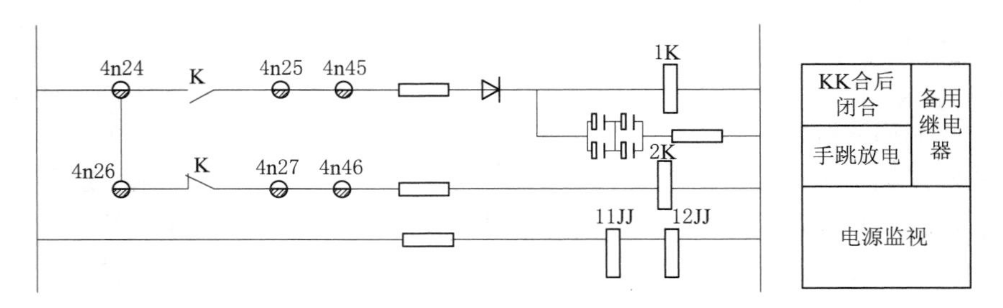

图 5-9 2K 继电器控制回路图

3. 暴露的问题

施工图交底环节管控不严，未能及时发现第二套保护合后位置继电器未接线。

4. 防范措施

（1）加强施工图交底环节的管控，及时发现可能存在的设备安全隐患。

（2）遥分、遥合需要输出 2 对接点，以满足操作箱双重化的要求。

【案例 5.10】 220kV 1 号、2 号主变冷控失电非电量保护误动

1. 事件概述

1 号、2 号主变非电量保护（冷控失电）动作，跳开 1 号主变三侧断路器、2 号主变 220kV 侧和 35kV 侧断路器（110kV 断路器跳闸前分位）。

2. 原因分析

冷却器全停后，1 号、2 号主变冷却风扇控制箱中继电器 2KT 经过 20min 延时后出口跳闸，如图 5-10 所示。经确认此次出口跳闸的不串接油温接点延时动作回路为多余回路，而且回路中延时继电器 2KT 的延时定值误设为 20min。

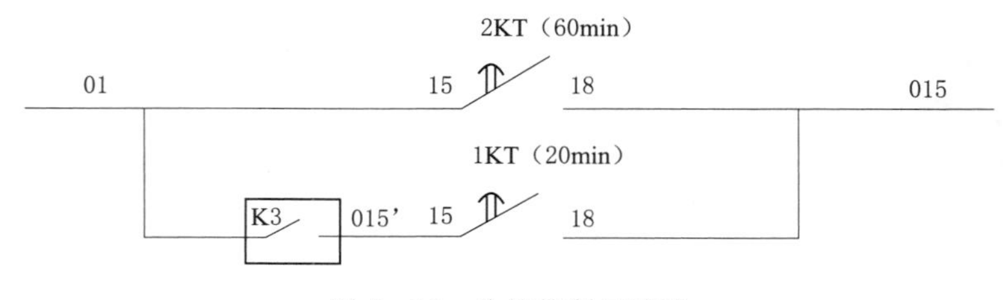

图 5-10 冷控控制回路图

3. 暴露的问题

（1）设计单位未贯彻落实《变压器（电抗器）非电量保护管理规程》（Q/ZDL 2263—2004）要求，同时设计意图交底不清。

（2）专业管理及检修运维部门未仔细复核图纸，未能及时发现图纸上存在的多余回路。

（3）施工单位与变电运维室在执行、核对整定单过程中，未对现场冷却器全停保护二次回路与整定单不符的情况提出质疑并反馈专业管理部门。

4. 防范措施

（1）各级建设、运检部门、单位和相关工程参建单位必须进一步加强对油浸式变压器（电抗器）非电量保护相关管理规程的培训和学习，确保现场执行人员理解到位、执行到位。

（2）各级调控中心、运检部、信通分公司、变电检修室、变电运维室、输电运检室、施工单位、监理单位要严格依据相关管理规程、规定及现场的实际情况，认真审查设计单位所提交的设计图纸；各级建设部要做好图纸审查的组织工作，并对审查所提出的意见做好闭环管理工作。

5.5 设备试验

5.5.1 设备试验要求

（1）必须采用经检验合格的试验设备及工器具，试验用的接线应满足容量、绝缘强度、机械强度、接线可靠方便等试验要求。

（2）试验应使用专用的试验电源，禁止用运行中的设备电源作为试验电源。

（3）在进行试验接线前，应了解试验电源的容量和接线方式。配备适当的熔断器，特别要防止总电源熔断器越级熔断。

（4）试验用隔离开关必须带罩。在进行试验接线工作完毕后，必须经第二人检查，方可通电。

（5）应核对试验设备额定电源电压与试验电源是否相符，输入量程及输出信号应满足试验要求。

（6）试验设备在使用过程中必须可靠接地，试验设备的外壳的专用接地端子应与被试设备的接地点相连。

（7）试验设备的探头（或接线）应与试验内容相匹配。在接线或操作时，应谨慎仔细，防止损坏试验或被试设备。

（8）对电子仪表的接地方式应特别注意，接地方式应根据仪表说明书要求，以免烧坏仪表和保护装置中的插件。

（9）试验应按照作业指导书、检验规程及厂家说明书进行。

（10）运行人员应在工作的继电保护屏的正、背面设置“在此工作”的标志。如进行工作的继电保护屏上仍有运行设备，则应将运行的装置、端子排、压板等用红布等覆盖，以与检修设备分开。相邻的运行继电保护屏前后应有“运行中”的明显标志（如红布、遮栏等），如图 5－11 所示。

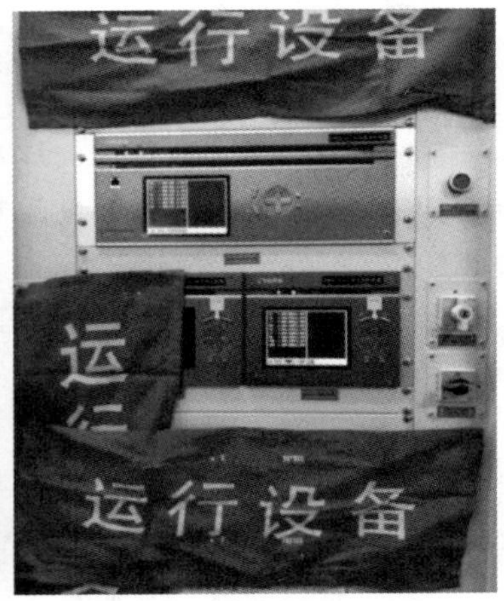

图 5－11 隔离运行设备

5.5.2 设备试验安全注意事项

继电保护、安全自动装置及自动化监控系统做传动试验或一次通流、耐压试验前，应通知运行人员和有关人员，并派人到现场看守，检查二次回路及一次设备上确无人工作后，方可进行。

所有电流互感器和电压互感器的二次绕组应有一点且仅有一点永久性的、可靠的保护接地。

（1）在带电的电流互感器二次回路上工作时，应采取以下安全措施：

1）严禁将电流互感器二次侧开路。

2）在电流互感器二次回路进行短路接线时，应用短接片或专用短接线可靠短接，严禁用导线缠绕。试验的电流回路与运行回路应可靠断开。

3）在电流互感器与短路端子之间导线上进行任何工作应有严格的安全措施，并填用“二次工作安全措施票”。必要时申请停用有关保护装置、安全自动装置或自动化监控系统。

4）工作中严禁将回路的永久接地点断开。

5）工作时，应有专人监护，使用绝缘工具，并站在绝缘垫上。

（2）在带电的电压互感器二次回路上工作时，应采取以下安全措施：

1）严格防止短路或接地。应使用绝缘工具，戴手套。必要时，工作前申请停用有关保护装置、安全自动装置或自动化监控系统。

2）接临时负载，应装有专用的隔离开关和熔断器。

3）工作时应有专人监护，严禁将回路的安全接地点断开。

4）电压互感器二次回路通电试验时，为防止由二次侧向一次侧反充电，除应将二次回路断开外，还应取下电压互感器高压熔断器或断开电压互感器一次隔离开关。

（3）多套装置共用一组回路，停用其中一套装置进行试验时，或者与其他运行装置有关联的某一套装置进行试验时，必须特别注意做好其他装置的相关的安全措施。

1）在运行中的高频通道加工设备上进行工作时，应确认耦合电容器低压侧可靠接地后，才能进行工作。

2）在集成电路、微机等电子装置上进行工作时，要有防止静电感应的措施，以免损坏设备。

3）检验集成电路、微机等电子装置时，为防止损坏芯片，应注意如下问题：

a. 屏（柜）应有良好可靠的接地。在使用交流电源的电子仪器（如示波器、频率计等）测量电路参数时，电子仪器测量端子与电源侧应绝缘良好，仪器外壳应与屏（柜）在同一点接地。

b. 检验中不宜用电烙铁，如必须用电烙铁，应使用专用电烙铁，并将电烙铁与保护屏（柜）在同一点接地，焊接时电烙铁必须处于断电状态。

c. 用手触摸芯片的管脚时，应有防止人身静电损坏集成电路芯片的措施。

d. 只有断开直流电源后才允许插、拔插件。

e. 拔芯片应用专用起拔器，插入芯片应注意芯片插入方向，插入芯片后应经第二人检验无误后，方可通电检验或使用。

5.5.3 绝缘试验的安全防范措施

绝缘试验应按照检验规程要求进行试验，并注意以下事项：

（1）根据规程选择合适规格的绝缘电阻测试仪，对集成电路、计算机等电子装置进行测试时应选用电子式绝缘电阻测试仪，如图 5-12 所示。

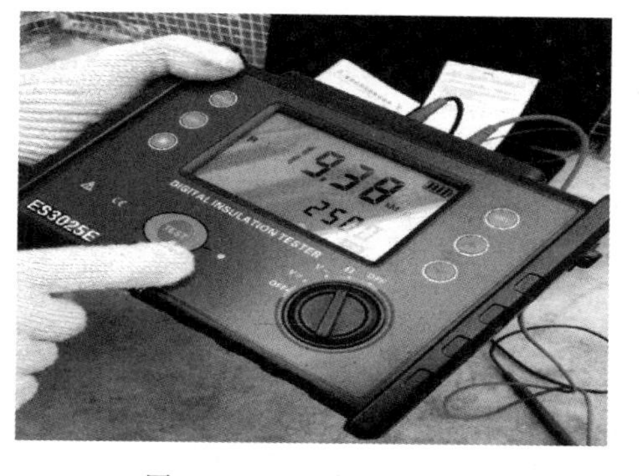

图 5-12 绝缘试验工作

（2）试验前应告知其他在该回路上的工作班暂停工作。

（3）断开本路交直流电源。

（4）断开与其他回路的连线。

（5）断开相关的弱电回路。

（6）拔出被试设备的相应插件。

（7）将被试电流回路及电压回路与接地点隔离。

（8）测试完毕后须可靠多次放电。

（9）遥测完毕应恢复原状。

5.5.4 回路传动安全防范措施

（1）传动或整组试验前应复查安全措施是否完备，应明确试验的内容及范围，确定试验应取得的预期结果；传动或整组试验时，应有专人核对相应中央信号或计算机监控系统、集控站的保护动作信息是否与试验要求一致。

（2）进行整组传动试验时，应在设备屏（柜）端子排处通入相应的电流、电压，按规定要求进行试验，禁止用短接接点、回路的方法进行模拟试验。

（3）传动或整组试验后不得在二次设备及回路上进行拆接或改动工作，否则应重做相应的试验。

电流电压试验接线和错误案例短接线如图5-13和图5-14所示。

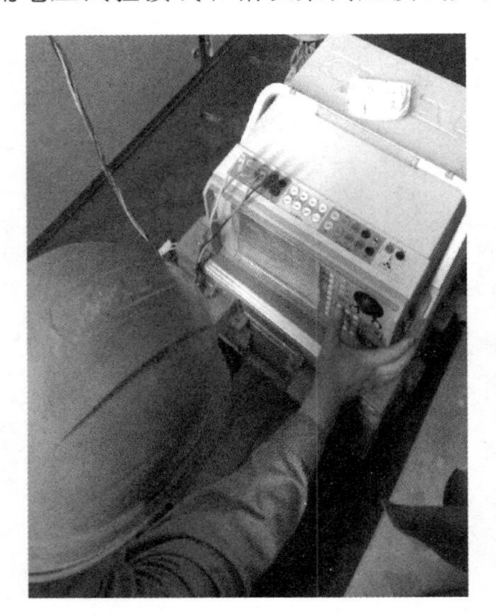

图5-13　电流电压试验接线

图5-14　错误案例短接线

5.5.5　试验终结的安全防范措施

（1）现场工作结束前，工作负责人应会同工作人员检查有无漏试项目及试验记录是否齐全，整定值是否与定值通知单相符，试验结论、数据是否完整正确，自保持继电器等是否复归，经检查无误后，才能拆除试验接线。

（2）试验工作结束后，按“二次工作安全措施票”逐项恢复与运行设备有关的接线，拆除临时接线，检查装置内无异物，屏面信号及各种装置状态正常，各相关压板及切换开关位置恢复至工作许可时的状态等。

（3）恢复完毕后，应经监护人复查。复查内容包括继电器内部临时所垫的纸片是否取出，临时接线是否全部拆除，拆下的线头是否全部接好，图纸是否与实际接线相符，标志是否正确完备等。

安措恢复划连片如图5-15所示。

图5-15　安措恢复划连片

5.5.6 设备试验的安全防范措施案例

【案例 5.11】 误短接端子导致 220kV 主变本体重瓦斯跳闸

1. 事件概述

220kV 变电站 2 号主变重瓦斯保护发生无故障动作跳闸事件，跳开 2 号主变 220kV、110kV 断路器（2 号主变 35kV 断路器检修状态）。

2. 原因分析

检修人员误将 2 号主变非电量重瓦斯保护开入回路端子 01 和 07 认为是 35kV 断路器回路端子 301 和 307，将其短接后造成 2 号主变本体重瓦斯保护动作跳闸。

3. 暴露的问题

（1）工作人员安全意识淡薄，未开展现场危险点分析，现场检修人员在未对运行保护屏采取必要安全措施的情况下就开展工作。

（2）标准化作业不够规范，未严格执行标准化作业流程，监护人员监护不到位，未认真核对端子及回路编号。

4. 防范措施

（1）严格执行继电保护装置及二次回路检修、运行管理等有关规程制度，规范二次现场各类工作行为。

（2）细化标准化作业流程，规范短接线的使用要求，严禁用短接线进行整组传动试验。

【案例 5.12】 误入带电间隔造成 220kV 运行主变本体重瓦斯跳闸

1. 事件概述

现场 3 号主变及三侧开关 C 检，2 号主变无故障本体重瓦斯跳闸。

2. 原因分析

现场保护人员途经 2 号主变时误认为是 3 号主变间隔，并通过本体爬梯（2 号主变爬梯未上锁）爬上主变本体进行非电量保护传动，导致 2 号主变重瓦斯保护动作，主变三侧开关跳闸。

3. 暴露的问题

（1）一次、二次专业交界面意识差，主变非电量保护按国网公司专业界限分工以主变本体端子箱为界，而现场主变非电量工作仍全由二次班组完成。

（2）安全意识淡薄，违反电力工作安全规程（变电）13.7 和 13.11 条款规定，进入作业现场前未核实安全围栏的“从此进出”标识和现场设备命名，走错间隔，并在无监护情况下擅自进行工作。

4. 防范措施

（1）强化现场一次、二次工作交界面分工，明确在类似工作中各专业的职责和具体分工，确保工作安全无盲点。畅通现场各专业之间的协调沟通管道，防范各类因交叉作业引起的安全风险。

（2）预先开展危险点分析并制订预控措施，严禁在无监护情况下擅自进行工作。

【案例 5.13】 主变电流回路两点接地造成差动保护动作

1. 事件概述

500kV 变电站 4 号主变 220kV 断路器检修状态，进行 4 号主变 220kV 副母Ⅱ段隔离开关检修及主变 220kV 间隔维护等工作。在进行 4 号主变 220kV 电流互感器维护时 4 号主变第一套保护动作，LOCKOUT 出口动作，4 号主变跳闸。

2. 原因分析

经检查，B 相故障电流 0.12A，持续时间 280ms，故障前后各侧电压正常。后确认原因为现场一次作业人员在开展主变 220kV 流变本体 B 相接线盒内螺丝紧固时，使用无绝缘防护的金属扳手将 1S1（B521）接线柱与外壳连通，由于主变保护电流回路 N 相在保护屏上正常接地，造成两点接地，如图 5-16 所示。其电流回路电缆大约有 200m 长，变电站内感应电和两接地点间不同的地电位产生一定的电位差，在极小的回路电阻时，回路中产生接地电流，电流流入保护后引起分侧差动保护动作。

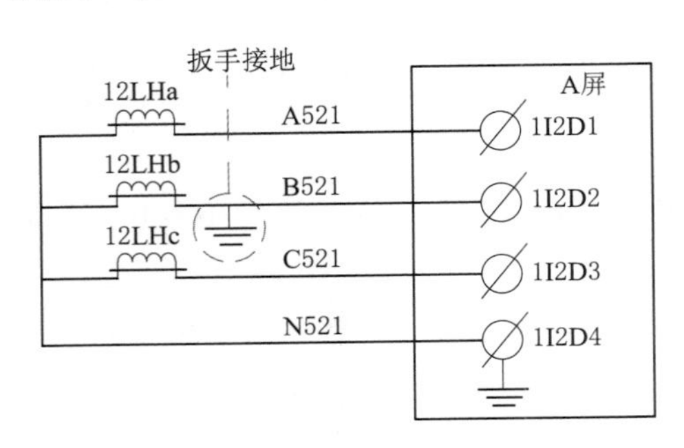

图 5-16 主变保护电流回路两点接地图

3. 暴露的问题

（1）作业风险辨识和控制不到位。对主变 220kV 间隔检修、高低压侧运行非常规运行方式下作业且无大电流端子的情况，风险辨识能力不足，仍然按照常规检修方式作业，未考虑到 TA 接线盒内工作可能对运行主变造成的影响。

（2）作业流程执行不到位。现场作业人员未严格执行作业卡上风险辨识内容，使用无绝缘防护的大号扳手在空间狭小的电流互感器接线盒内工作，极易导致回路接地。

4. 防范措施

（1）全面梳理非常规运行方式下检修作业存在的风险，落实风险管控措施。针对现场未设置大电流端子的情况，明确工作票签发要求，进一步完善作业指导卡，确保在电流互感器一次检修作业开始前由检修人员事先做好电流回路安全措施隔离。

（2）进一步加强现场安全监督。加强外包（外委）作业现场三级安全监督，防止使用不合格的工器具，督促作业人员严格按照作业流程执行。

【案例 5.14】 220kV 线路区外故障导致保护误动

1. 事件概述

线路区外故障时第二套差动保护误动。

2. 原因分析

现场试验结束后，试验人员未取下电流回路端子排上的短接片，造成线路区外故障保护误动。

3. 暴露的问题

（1）工作人员安全意识淡薄，现场试验人员试验结束未恢复安全措施。

（2）标准化作业不够规范。未严格执行标准化作业流程，监护人员监护不到位，运行人员验收不到位。

4. 防范措施

(1) 严格执行继电保护装置及二次回路检修、运行管理等有关规程制度，规范二次侧现场各类工作行为。

(2) 严格执行标准化作业流程。

5.6 事故处理

除了常规的二次设备安装调试工作外，占据大部分时间的就是事故处理，其中包括二次设备的异常处理、缺陷处理及事故抢修。突发情况所要面临的危险点更为严峻，因此在事故处理过程中的安全防范措施尤为重要。

5.6.1 异常处理的安全防范措施

5.6.1.1 异常处理的一般要求

(1) 只有解除出口压板及相关回路，停用相关保护，断开直流电源后，才允许对装置进行处理。

(2) 对于拒动事故，必须先用高内阻电压表确认跳合闸回路确实良好后，方可将跳闸压板取下。拆动其他回路之前，也应遵循这一原则。

(3) 对距离保护误动事故，应先测定电压回路正常，检查 N600 可靠接地后，方可拆动电压回路接线。

(4) 对于可能因继电器机械部分原因造成的保护拒动，应先按实际回路的动作顺序进行检验，不得盲目打开继电器外壳用手触动继电器。

5.6.1.2 查找异常及故障时应注意的问题和查找的一般步骤

查找和分析二次回路的异常及故障，首先在于掌握二次回路的接线和原理，熟悉二次回路中不同的元件和导线发生异常时可能会出现哪些现象，再根据实际出现的异常，缩小查找的范围。然后再采取正确的查找方法，最终准确无误地查出故障并对异常行处理。

1. 查找二次回路异常及故障时应注意的问题

(1) 必须遵照符合实际的图纸进行工作，拆除二次回路接线端子，应先核对图纸及端子标号，做好记录和明显的标记，以便恢复。及时恢复所拆接线，并应核对无误，检查接触是否良好。

(2) 需停用有关保护和自动装置时，应首先取得相应调度的同意。

(3) 在交流二次回路查找异常及故障时，要防止电流互感器二次开路，防止电压互感器二次短路；在直流二次回路查找异常及故障时，在直流防止直流回路短路、接地。

(4) 在电压互感器二次回路上查找异常时，必须考虑对保护及自动装置的影响，防止因失去交流电压而误动或拒动。

(5) 查找过程中需使用高内阻的电压表或万用表电压挡。

2. 查找二次回路异常及故障的一般步骤

（1）掌握异常现状，弄清异常原因。

（2）根据异常现象和图纸进行分析，确定可能发生异常的元件、回路。

（3）确定检查的顺序。结合经验，判断发生故障可能性较大的部分，对这部分首先进行检查。

（4）采取正确的检查方法，查找发生异常的元件、回路。

（5）对发生异常及故障的元件、回路进行处理。

5.6.2 缺陷处理的安全防范措施

5.6.2.1 缺陷处理的一般要求

（1）设备管理部门应掌握所管范围内的全部设备缺陷，并按照设备缺陷的紧急程度合理安排消缺，原则上紧急缺陷的消除不超过24h；重要缺陷的消除周期视设备缺陷情况而定，但不得超过一个月；一般缺陷的消除周期不超过一个检修周期。

（2）缺陷处理单位应根据缺陷单填报的内容，及时与运行单位进行联系，了解缺陷的内容、部位，分析可能产生的原因，准备合适的备品备件，安排适合缺陷处理的停电方式等。

（3）缺陷处理过程中凡涉及零部件、继电器等的更换以及二次回路的修改，应做好相应的功能及传动试验。

5.6.2.2 查找缺陷及故障的一般方法

1. 查找断线时的方法

（1）测导通法。测导通法是采用万用表的欧姆挡测量电阻的方法查找断点。二次回路发生断线时，测导通法查找回路的断点是有效、准确的方法。但这种方法在实际使用中存在着一些障碍。测导通法只能测量不带电的元件和回路，对于带电的回路需要断开电源，可能会使运行中的设备失去交流二次电压或直流电源，同时，在某些情况下，继电器等元件失磁变位后，接触不良故障可能暂时性自行消失，这也是该方法的不足之处。因此，对于运行中的带电回路，查找断线时一般不采取这种方法。

（2）测电压降法。测电压降法是采用万用表的电压挡测回路中各元件上的电压降。与测导通法相比，测电压降法适用于带电回路。通过测量回路中各点电压差，判断断点的位置。如果回路中只有一个断点，则断点两端电压差应等于额定电压；如果回路中有两个或以上的断点，则相隔最远两个断点两端的电压差等于直流额定电压。

（3）测对地电位法。测对地电位法通过测量回路中各点对地电位，并与分析结果进行比较，通过比较查找断点。测对地电位法与测电压降法同样适用于带电的回路。当直流回路中只存在一个断点时，断点的正电源侧各点对地电位与正电源对地电位一致，负电源侧各点对地电位与负电源对地电位一致；当回路中存在多个断点时，离正电源最近的断点与正电源间各点对地电位与正电源对地电位一致，离负电源最近的断点与负电源间各点对地电位与负电源对地电位一致。

2. 查找短路的一般方法

（1）外部观察和检查。检查回路及相关设备、元件有无冒烟、烧伤痕迹或者继电器接点烧伤情况：如果有冒烟的线圈或者烧伤的元件，则可能发生了短路；如果有烧伤的触点，则触点所控制的部分可能存在短路。检查回路中端子排及各元件的接线端子等回路中裸露的部位，看是否有明显的相碰，是否有异物短接或者裸露部分是否碰及金属外壳等。在烧伤触点所控制的回路检查中，重点检查该回路中各元件的电阻，看该电阻是否变小。

（2）通过测量电阻缩小范围。首先断开回路中的所有分支，然后采用万用表的欧姆挡测量第一分支回路的电阻。若电阻值不是很小，与正常值相差不太大，就可以接入所拆接线，再装上电源保险，若不熔断，说明是第一分支回路正常。用相同的方法，依次检查第二、第三分支回路。对于测量电阻值很小的分支回路或试投入时保险再次熔断的分支回路，应进一步查明回路中的短路点。

3. 查找直流接地的方法及注意事项

（1）查找直流接地的方法。首先判断是哪一极绝缘能力降低或接地，当正极对地电压大于负极对地电压时，可判断为负极接地，反之则是正极接地；其次结合直流系统的运行方式、操作情况及气候条件等进行直流接地点的判断。

可采用“拉路”寻找、分段处理的方法进行直流接地点的查找，将整个直流系统分为直流电源部分、信号部分、控制部分。以先信号和照明部分、后操作部分，先室外部分、后室内部分的原则进行查找。在切断运行中的各专用直流回路时，切断时间不得超过3s，不管回路接地与否均应立即合上开关。

当直流接地发生在充电设备、蓄电池本身和直流母线上时，用“拉路”的方法可能找不到接地点；当采取环路方式进行直流供电时，如果不将环路断开，也不能找到接地点；另外，也可能造成多点接地。进行“拉路”查找时，不能一下全部拉掉所有的接地点，“拉路”后仍然可能存在接地。

对于安装有微机绝缘监察装置的直流系统，可以测量出是正极接地还是负极接地，也可测量出哪个直流支路有接地点。

在判断出接地的极性和直流支路后，可依次断开接地支路的接地极上的分支回路，当断开该支路后，直流系统电压恢复，可判断为该支路存在接地点，然后再依次断开该支路上的各分支进行判断，直至找到回路中的接地点。

（2）查找直流接地时有以下注意事项：

1）严禁使用灯泡查找接地点。

2）使用仪表进行检查时，仪表的内阻不应小于2000Ω/V。

3）当发生直流接地时，禁止在二次回路上工作。

4）在对直流接地故障进行处理时，不能发生直流短路，从而造成另一点的接地。

5）查找和处理直流接地时，必须由两人进行操作。

6）“拉路”前应采取相应的措施，以防因直流失电引起保护装置误动作。

5.6.2.3 缺陷处理的安全防范措施案例

【案例5.15】 控制回路断线

某变220kV线路保护控制回路断线，断路器控制回路如图5-17所示。

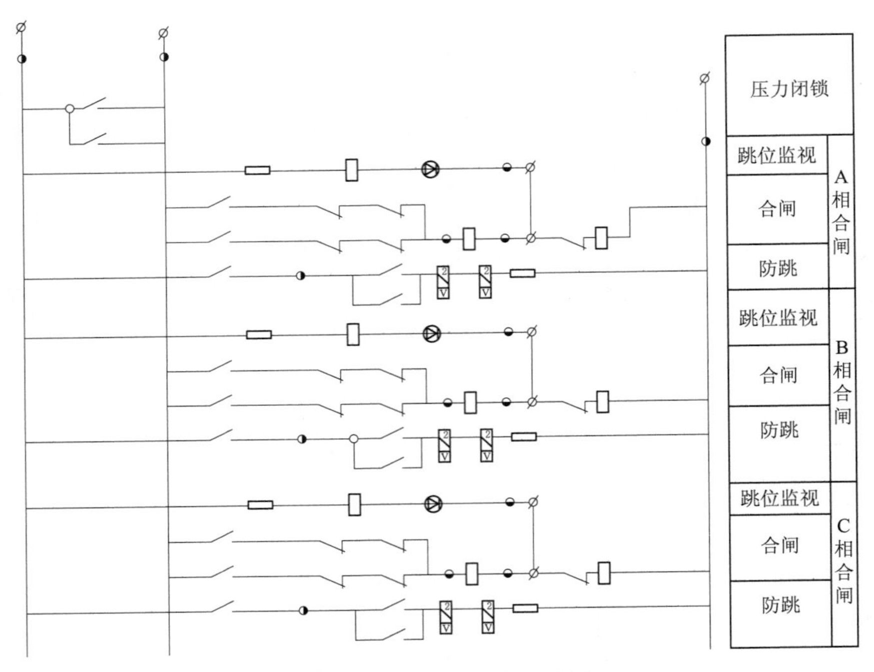

图 5-17 断路器控制回路图

1. 现象

“控制回路断线”光子牌亮；操作箱上 OP 运行灯熄灭。

2. 造成的影响及后果

线路间隔在正常运行过程中出现“控制回路断线”信号，这表示各类保护装置对该间隔所发出的分闸指令都不能执行，线路故障时故障点不能有效隔离，这将导致越级跳闸扩大事故范围，由于需要较长时间切除故障，对电网的稳定运行造成极大威胁。

3. 现场检查处理

（1）控制回路断线主要有以下原因：

1）控制直流电源空开跳开或熔断器熔断导致控制电源失去。

2）SF_6 压力降低至闭锁值。

3）液压机构压力降低至闭锁值。

4）用于串接发信的跳合闸位置继电器误动。

（2）具体处理方法如下：

1）检查线路保护屏直流电源空气开关是否跳开或熔丝是否熔断，如果是，可以试合一次空气开关或更换相应规格的熔断器，测量端子排上＋KM 之间电压是否正常，以定性直流电源输入是否良好。

2）后台检查是否有“SF_6 压力闭锁”光字牌，现场检查开关 SF_6 压力是否底至闭锁值。

3）后台检查是否有“油压闭锁”“开关分合闸闭锁”等光字牌；现场检查开关液压储能机构压力是否低至闭锁值。

4）如果上述检查项目都正常，则可能是保护误发信，重点检查开关操作箱装置内是否有放电声，是否有烧焦气味。

4. 运行处理

根据故障原因的不同，调度部门可进行如下处理：

（1）若运行人员无法通过试合更换熔断器恢复直流供电，则可将该开关改冷备用，由检修人员进行进一步的检查。

（2）若是由于开关 SF_6 压力或液压压力降低导致闭锁，则可将开关改检修，由检修人员进行消缺处理。

5. 控制回路断线检查中的注意事项

（1）由于相关缺陷在处理时一次设备多在运行，要严防误跳运行开关，查找缺陷时禁止使用万用表电阻挡测量直流电压，特别是用电阻挡测量操作箱的跳闸回路。防止误碰跳合闸端子而误跳运行开关。

（2）检查直流电压回路时应注意力集中，严防误碰使直流电压接地或短路。

（3）停开关后，检验操作箱继电器好坏时，应缓慢施加电压，以防烧坏继电器。

（4）禁止带电插拔保护及操作箱插件。

【案例 5.16】 主变 TV 断线

1. 现象

（1）“TV 断线”光字牌亮。

（2）保护装置上“装置异常”灯、“TV 断线”灯亮，液晶显示 TV 断线。

2. 造成的影响及后果

主变保护在正常运行过程中出现“TV 断线”表示保护所采样到的电压量缺相或三相消失，由于主变保护中的后备保护方向元件要利用电压量，TV 断线将导致电压闭锁开放，方向元件退出变成纯过流保护，增加了误动的可能性。

3. 现场检查处理

（1）TV 断线主要有以下原因：

1）保护屏后的交流电压空气开关跳开。

2）隔离开关辅助接点接触不好，无法使电压切换继电器励磁。

3）保护的模数转换插件故障，无法产生数字量。

（2）现场检查处理可按如下步骤进行：

1）检查线路保护屏的交流电压空气开关是否跳开，如果是，可以试合一次空气开关，测量端子排上交流电压是否正常，以定性交流电压输入是否良好。

2）检查操作箱上 L1、L2 切换指示灯是否全熄灭。

3）检查主变保护装置内是否有放电声，是否有烧焦气味，如有应立即拉开保护装置电源开关。

4. 运行处理

若运行人员无法通过试合空气开关恢复交流电压，则可将保护装置退出运行，由检修人员进行消缺处理。

5. 检修人员检查

（1）TV断线原因一般有以下方面：

1）主变某一侧或几侧二次电压回路单相或几相断线。

2）主变保护装置内部问题。

3）主变某一侧或几侧电压小母线不正常运行（或该侧母线失电）。

（2）具体处理方法如下：

1）主变某一侧或几侧二次电压回路单相或几相断线。

a. 先检查外观，检查主变保护屏的"TV断线"对应侧交流电压空气开关是否跳开，如果是，可以试合空气开关，测量端子排上UAI、UBI、UCI、UII、UII、UCII端子电压是否正常，以定性交流电压输入是否良好；查看保护面板内交流电压采样是否正常，保护装置上"装置异常"灯、"TV断线"灯亮；液晶显示"TV断线"等情况是否消失；后台"TV断线"光字牌亮是否消失。

b. 查回路，以高、中压侧均为双母线系统分析，至主变保护装置的高、中压侧三相交流采样电压均由各自电压小母线引至对应侧开关操作箱所在屏内的端子排，再经过本操作箱内的电压切换继电器切换出来后引至端子排，经过屏内的交流电压空气开关后，再到主变保护装置。查回路时可以从这些具体路径入手，依次测量回路中电压是否正常。检查回路中线头是否松动，连接是否可靠，有无烧焦发黑或熔断现象。

c. 在检查回路中，如发现正常电压经操作箱内的电压切换继电器切换后电压不正常。先检查操作箱上L1、L2隔离开关切换指示灯是否符合一次隔离开关状态，如L1、L2切换指示灯全熄灭或与一次隔离开关状态不对应时，则检查隔离开关切换回路。如L1、L2切换指示灯与隔离开关状态对应，则需停用相应断路器，重新办理工作许可手续后，检查操作箱内电压切换继电器，及时更换合格操作箱电压切换插件。

2）主变保护装置内部问题。除以上情况外，则怀疑为保护装置采样插件问题或保护装置CPU插件问题，建议更换相应问题插件。更换前核对备品插件型号及更换CPU芯片，并记录相关保护数据。

3）主变某一侧或几侧电压小母线不正常运行（或该侧母线失电）。如果主变各侧输入交流电压采样的异常情况与测控显示输入交流电压采样相符。且其他保护（线路保护等）也相应报"TV断线"，则可认为主变"TV断线"侧电压小母线不正常运行（或该侧母线失电），检查相应母线二次电压回路。

6. 注意事项

（1）核查"TV断线"现象为个性问题，在处理时要严格防止主变各侧电压小母线失电，即电压小母线短路或接地。使用万用表时确保在电压交流挡。

（2）工作中也要严防误碰运行端子，防止误跳运行开关。

（3）检查保护屏后隔离开关辅助节点端子时，严防直流回路接地。

（4）禁止带电插拔保护及操作箱插件。

（5）停开关后，检验操作箱继电器好坏时，应缓慢施加电压，以防烧坏继电器。

5.6.2.4 缺陷处理的记录

（1）设备缺陷消除后，检修人员填写处理缺陷的方法和处理结论，运行人员应进行质量验收，并填写验收结论及相关记录。

（2）缺陷记录应包括本次缺陷处理的部位、缺陷原因、处理措施（更换的设备、调整的部件、接线的更改、试验结果等）、遗留问题、运行应注意的事项、消缺结论等。

（3）缺陷一次不能完全消除时，在不影响安全运行的前提下，可视情况分阶段消除，但必须经有关技术主管部门同意并作好记录，说明原因。

【案例 5.17】 某变石官 1608 线路压变空气开关跳开无法合上缺陷处理分析报告

1. 缺陷情况描述（缺陷设备状态）

2018 年 3 月 22 日 3：09：48，某变报石官 1608 线路压变空气开关跳开无法合上，如图5 -18 所示。

图 5 - 18　石官 1608 线路压变空气开关跳开

2. 设备相关信息

石官 1608 线路无压继电器型号为 JD - 10B，如图 5 - 19 所示。

3. 处理过程描述

更换石官 1608 线路无压继电器后恢复正常，如图 5 - 20 和图 5 - 21 所示。

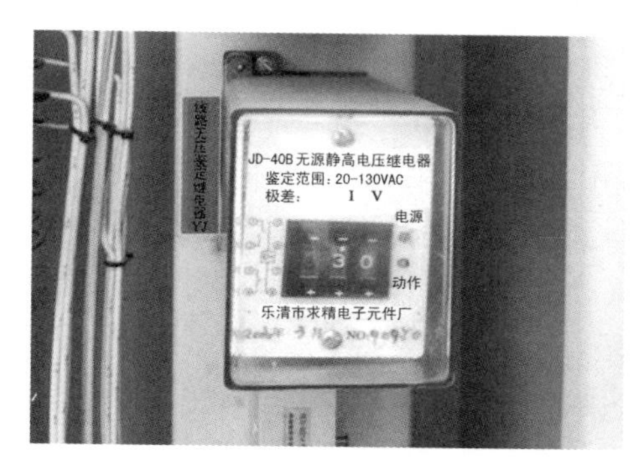

图 5 - 19　石官 1608 线路无压继电器

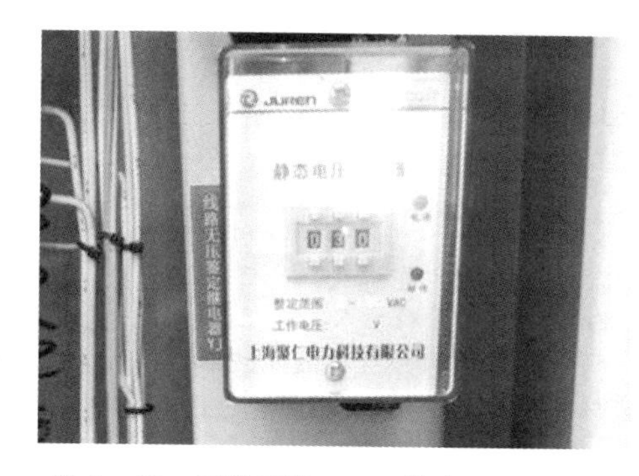

图 5 - 20　更换石官 1608 线路无压继电器

4. 缺陷原因分析

线路无压继电器常励磁导致继电器寿命缩短。

5. 建议与措施

结合变电站大修针对运行超 6 年的电压继电器采取统一更换处理。

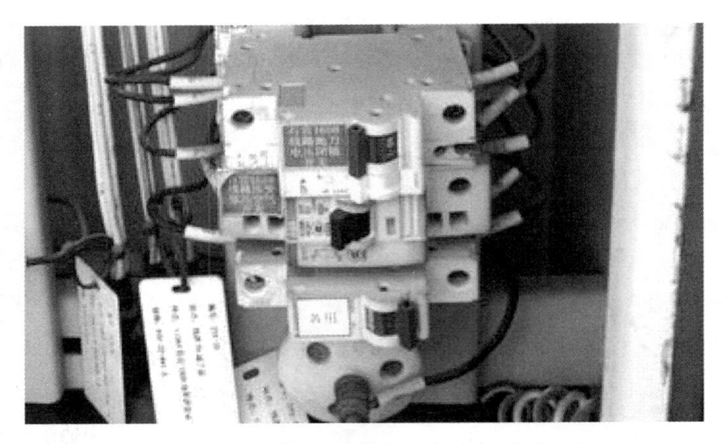

图 5-21 石官 1608 线路压变空气开关合上

5.6.3 事故抢修的安全防范措施

（1）事故抢修可不用工作票，但应使用事故应急抢修单，如图 5-22 所示。

（2）不论多么紧急的抢修和其他工作，首先必须施行现场的安全技术措施，并在工作中严格执行专责监护的责任制度。

（3）现场抢修人员应协调工作，并接受现场指挥员的统一指挥，确保现场作业安全有序开展，严防抢修过程中造成人身、电网或设备事故。

事故应急抢修单

单位：______________________________ 编号：________________

（1）抢修工作负责人（监护人）________________ 班组：____________

（2）抢修班人员（不包括抢修工作负责人）______________________________

__________________________________共________人。

（3）抢修任务（抢修地点和修内容）________________________________

（4）安全措施____

（5）抢修地点保留带电部分或注意事项________________

____

（6）上述（1）～（5）项由抢修工作负责人__________根据抢修任务布置人__________的布置填写。

（7）经现场勘察需补充下列安全措施________________

经许可人（调度/运行人员）____________同意，（___月___日___时___分）后，已执行。

（8）许可抢修时间____年___月___日___时___分 许可人（调度/运行人员）____

（9）抢修结束汇报

本抢修工作于________年____月____日____时____分结束。

现场设备状况及保留安全措施：________________________________

____

抢修班人员已全部撤离，材料工具已清理完毕，事故应急抢修单已终结。

抢修工作负责人______________ 许可人（调度/运行人员）______

填写时间________年____月____日____时____分

图 5-22 事故应急抢修单

5.7 验收及交底

(1) 验收工作应严格按照验收规范的要求做好相关安全措施后进行。

(2) 验收工作结束后，全部设备及回路应恢复到初始状态。

(3) 交底注意事项如下：

1) 工作负责人应向运行人员详细进行现场交底，并将其记入二次工作记录簿，主要内容有整定变更、版本变更、二次接线更改、已经解决及未解决的问题及缺陷、运行注意事项和设备能否投入运行等。

2) 施工单位应做好图纸资料、备品备件和专用工器具的移交工作。

3) 经运行人员检查无误后，双方应在验收报告（图 5-23）上签字。

变电所继电保护验收报告
工程名称：
1. 验收内容
(1) 资料及试验报告验收情况
(2) 二次回路验收情况
(3) 装置验收情况
(4) 整组传动情况
(5) 各保护软件版本、TA 变比情况
2. 存在问题及整改要求
3. 验收结论
验收负责人签名 年　月　日

图 5-23　变电所继电保护验收报告

【案例 5.18】 二次回路端子松动造成开关拒分

1. 事件概述

220kV 变电站 110kV 出线故障，线路保护动作，但开关未跳闸。1 号主变第一套、第二套保护中压侧后备保护动作，先后跳开 110kV 母联断路器和 1 号主变 110kV 断路器。

2. 原因分析

现场检查时，检修人员对 110kV 线路保护进行了 10 次断路器传动试验，其中有 2 次试验中，保护动作后跳闸线圈监测显示未接收到正电位，线路断路器未分闸。因装置未报控制回路断线等异常告警，且 1D113 端子负电位正常，确定故障点在保护装置正电源与 1D113 端子之间。对跳闸插件背板端子进行检查紧固后，后续保护传动试验均正确。

3. 暴露的问题

（1）保护厂家生产装配质量控制不严。保护装置投运前，厂家服务人员未按要求对装置插件及端子螺丝进行紧固，保护装置长时间运行后，出现保护跳闸插件螺丝松动并导致跳闸回路接触不良。由于该缺陷位置较为隐蔽，恰好避开合闸监视回路，无法通过“控制回路断线”告警来监视，导致该缺陷长期隐性存在。

（2）检修人员工作不到位。在 15 年的在该间隔 C 级检修工作中，变电检修室检修人员工作不到位，未能在整组传动试验及二次回路的检查中发现该处缺陷。

4. 防范措施

工作负责人在变电站综合检修工作中应严格把关，规范现场作业行为，严格按要求执行检修作业，严防类似保护装置背板接线等保护检修死角存在。

【案例 5.19】 二次电压回路端子松动导致保护拒动

1. 事件概述

220kV 变电站 110kV 线路遭雷击 A 相接地故障，保护动作出口，断路器未跳开，1 号主变后备保护动作后，引起 2 号主变中性点零序电压升高，2 号主变第二套保护 110kV 侧间隙零序过压动作跳开主变三侧断路器，第一套保护拒动。

2. 原因分析

110kV 线路遭雷击 A 相故障，保护动作，断路器未跳开。零序故障电流持续存在，2.4s 后，1 号主变 110kV 零序方向过流 1 时限动作跳开 110kV 1 号母分断路器。110kV 1 号母分断路器分闸后，2 号主变 110kV 侧中性点接地失去，导致 2 号主变 110kV 侧零序电流消失，2 号主变 110kV 侧零序方向过流保护启动返回；且单相接地故障点仍存在，致使 2 号主变中性点零序电压升高（$3U_0$ 为 209.46V），0.5s 后，2 号主变第二套保护 110kV 侧间隙零序过压动作跳开主变三侧断路器。2 号主变第一套保护接入的开口三角零序电压端子松动（TV 断线），导致第一套保护间隙零序电压保护拒动。

3. 暴露的问题

第一套保护接入的开口三角零序电压端子松动（TV 断线），是第一套保护间隙零序电压保护拒动的原因，暴露了检修工作存在不到位的问题。

4. 防范措施

工作负责人在变电站综合检修工作中应严格把关，规范现场作业行为，严格按要求执行检修作业。设备检修后，各端子螺丝务必拧紧，避免导致回路开路或短路。

【案例 5.20】 线路工频变化量距离保护区外故障误动

1. 事件概述

220kV 母线故障，线路第二套工频变化量距离保护动作，本侧保护停信，随后两侧保护动作出口，开关跳开。

2. 原因分析

经检查，220kV 电压分屏侧接至线路第二套保护屏的 N600 回路误接入副母母线零序

电压 L640 回路。当系统发生单相接地故障时，由于零序电压进入线路保护母线电压 N600 回路，造成 N600 电压抬高，A、B、C 相电压均瞬时抬高至 150V 左右，使判断电压的工频变化量距离继电器$|\Delta U_{OP}|>U_Z$条件满足，从而造成工频变化量距离保护动作。

3. 暴露的问题

（1）现场施工调试质量不良，施工单位未按图施工。

（2）现场验收不够细致，未及时发现问题。

4. 防范措施

（1）加强基建工程施工质量管理，严格按图施工，落实接线人员责任，建立接线质量复查制度，加强施工单位三级验收，特别是隐蔽工程的自验收。

（2）加强施工过程中的技术监督工作，提高验收质量，严格按照验收大纲要求验收，保证充足的验收时间。

5.8 带负荷试验

（1）新安装的二次设备或相关一次设备和二次回路变动后，均应按检验规程进行带负荷试验，并保证足够的负荷电流，检验其交流回路接线的正确性。

（2）试验前应进行危险点分析和预控，试验过程应严防电流回路开路和电压回路短路或接地。

（3）带负荷试验时应密切关注一次系统潮流的变化，所用试验设备应有足够的灵敏度。带负荷试验时若发现异常情况，应立即停止工作，查明原因，必要时向上级主管部门汇报。

（4）母差保护主接线显示状态（隔离开关重动继电器的位置）应与一次设备状态一致。

（5）应详细记录带负荷试验的数据，并进行分析和判断，做出正确结论。

【案例 5.21】 110kV 某变 110kV 东横 1624 线路备自投带负荷试验方案

1. 工程概述

工程为 220kV 某变电所的配套工程，即将 110kV 石横 1436 线上的备自投装置移至 110kV 东横 1624 线。工作已完成，为了确保二次回路的正确完整，需要做带负荷试验。

2. 运行方式

（1）110kV 石横 1436 线断路器及线路运行，110kV 东横 1624 线断路器热备用、线路运行，110kV 母分断路器运行。

（2）停用 110kV 东横 1624 线路备自投装置。

（3）110kV 东横 1624 线路备用电源自投装置带负荷。

3. 安全技术措施及注意事项

（1）严格执行《电力安全工作规程》及《继电保护现场保安规程》。

（2）严格执行工作票制度，严禁无票工作。

（3）加强工作中的安全监护，使每位工作班成员明确任务和安全注意事项。

（4）装置在带负荷试验中会影响到装置出口的应做好相应的安全措施，并经当值值班员许可后再进行试验。

(5) 工作中严禁TA二次开路，TV二次短路；在带电的TA、TV二次回路上工作必须做好必要的安全措施和加强监护。

(6) 工作中发现装置异常及数据有疑问，必须及时与上级主管部门取得联系，加以处理。

4. 试验结果及最后的检查、记录

试验结束后应进行检查和记录，见表5-2和表5-3。

表5-2　试验结果及存在的问题

试验结论	
存在问题	

表5-3　使用仪器仪表、试验人员、审核人员和试验日期

仪器仪表名称	型　号	编　号	仪表名称	型　号	编　号
专职工程师审核	班技术员审查	工作负责人	工作班成员		试验日期

第6章

智能变电站保护设备安全防范技术

6.1 智能变电站及其检修调试工作

6.1.1 智能变电站体系结构

变电站是电力系统中连接发电厂与电力用户的重要节点，发电厂要将生产的电能远距离传输，就需要将电压升高，电能送到用户附近，为满足用户电气设备电压要求，就需要将电压降低，这种电压升高、降低的工作由变电站来完成。变电站在电力系统中除了升降电压外，还是系统负荷分配、控制电流流向、连接不同电压等级电网的场所。为满足电网经济运行需要，变电站伴随着电力系统的发展，经历了常规变电站、综合自动化变电站、数字化变电站的发展历程，正逐步向智能变电站发展。

目前，国内智能变电站大部分都采用“三层两网”的结构，如图6-1所示。

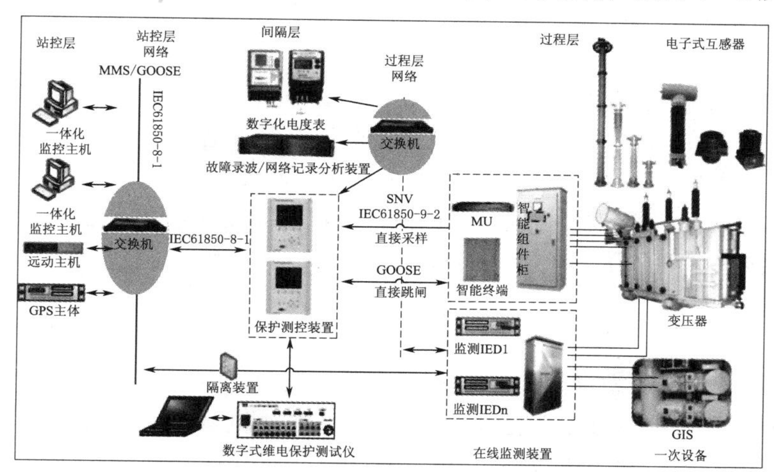

图6-1 智能变电站“三层两网”典型结构图

1. 三层

智能变电站系统分为过程层、间隔层、站控层三层。

（1）过程层包含由一次设备和智能组件构成的智能设备、MU和智能终端，完成变电站电能分配、变换、传输及其测量、控制、保护、计量、状态监测等相关功能。根据国网公司相关导则、规范的要求，保护应直接采样，对于单间隔的保护应直接跳闸，涉及多间隔的保护（母线保护）宜直接跳闸。智能组件是灵活配置的物理设备，可包含测量单元、控制单元、保护单元、计量单元、状态监测单元中的一个或几个。

（2）间隔层设备一般指继电保护装置、测控装置、故障录波等二次设备，实现使用一个间隔的数据并且作用于该间隔一次设备的功能，即与各种远方输入/输出、智能传感器和控制器通信。

（3）站控层包含自动化系统、站域控制系统、通信系统、对时系统等子系统，实现面向全站或一个以上一次设备的测量和控制功能，完成数据采集和监视控制（SCADA）、操作闭锁以及同步相量采集、电量采集、保护信息管理等相关功能。

站控层功能应高度集成，可在一台计算机或嵌入式装置实现，也可分布在多台计算机或嵌入式装置中。

2. 两网

变电站网络在逻辑上可分为站控层网络和过程层网络。全站通信采用高速工业以太网组成。站控层网络是间隔层设备和站控层设备之间的网络，实现站控层内部以及站控层和间隔层之间的数据传输；过程层网络是间隔层设备和过程层设备之间的网络，实现间隔层设备和过程层设备之间的数据传输；间隔层通信，在物理上可以映射到站控层网络，也可以映射到过程层网络。

（1）站控层网络。站控层网络设备包括站控层中心交换机和间隔交换机。站控层中心交换机连接数据通信网关机、监控主机、综合应用服务器、数据服务器等设备；间隔交换机连接间隔内的保护、测控和其他智能电子设备。站控层中心交换机与间隔交换机通过光纤连成同一物理网络。站控层网络通信协议采用MMS，故也称为MMS网。网络可通过划分虚拟局域网（VLAN）分割成不同的逻辑网段，也就是不同的通道。

（2）过程层网络。过程层网络包括GOOSE网和SV网。GOOSE网用于间隔层和过程层设备之间的状态与控制数据交换，一般按电压等级配置，220kV以上电压等级采用双网，保护装置与本间隔的智能终端之间采用GOOSE点对点通信方式，即“直接采样”；SV网用于间隔层和过程层设备之间的采样值传输，保护装置与本间隔的MU之间也采用点对点的方式接入SV数据，即“直接跳闸”。

6.1.2 智能变电站相关规程

（1）为保障智能变电站调试检修工作能安全、规范地开展，国网公司总结智能变电站技术研究成果并结合实际工程经验，编制了《智能变电站调试规范》（Q/GDW 689—2012），提出了智能变电站调试流程和调试的具体方法和要求，包括计算机监控系统、继电保护设备、故障录波器、变压器与开关设备及其状态监测、电子式互感器等智能电子设备或系统的输入、输出信息的正确性等。

《智能变电站调试规范》（Q/GDW 689—2012）规定了智能变电站的调试流程、内容和要求，适用于110(66)～750kV电压等级智能变电站基建调试。

《智能变电站调试规范》（Q/GDW 689—2012）应用基于下列文件：

1）《自动化仪表工程施工及质量验收规范》（GB 50093—2013）。

2）《电气装置安装工程　电气设备交接试验标准》（GB 50150—2016）。

3）《电工术语　互感器》（GB/T 2900.94—2015）。

4）《电工术语　变压器、调压器和电抗器》（GB/T 2900.95—2015）。

5）《电工术语　发电、输电及配电 通用术语》（GB/T 2900.50—2008）。

6）《电工术语　发电、输电和配电 运行》（GB/T 2900.57—2008）。

7）《互感器　第7部分：电子式电压互感器》（GB/T 20840.7—2007）。

8）《互感器　第8部分：电子式电流互感器》（GB/T 20840.8—2007）。

9）《110kV及以上送变电工程启动及竣工验收规程》（DL/T 782—2001）。

10）《电力自动化通信网络和系统》（DL/T 860）。

11）《继电保护和电网安全自动装置检验规程》（DL/T 995—2016）。

12）《测量用电流互感器》（JJG 313—2010）。

13）《测量用电压互感器》（JJG 314—2010）。

14）《智能变电站技术导则》（Q/GDW 383—2009）。

15）《330kV～750kV智能变电站设计规范》（Q/GDW 394—2016）。

16）《 IEC 61850工程继电保护应用模型》（Q/GDW 396—2012）。

17）《智能变电站自动化系统现场调试导则》（Q/GDW 431—2010）。

18）《智能变电站继电保护技术规范》（Q/GDW 441—2016）。

（2）为规范智能变电站建设、改造现场的二次系统调试工作流程，提高现场调试工作的专业性、标准化和可操作性，利于调试安全、工程验收和运维交接，《智能变电站二次系统标准化现场调试规范》（Q/GDW 11145—2014）于2014年12月31日发布，主要面向智能变电站现场调试过程控制，根据智能变电站技术要求与调试管理需要，规范调试流程、管理作业节点、控制工作质量、满足技术指标要求。

《智能变电站二次系统标准化现场调试规范》（Q/GDW 11145—2014）规定了智能变电站二次系统的现场调试作业过程及要求，包括总体要求、调试过程控制、调试作业准备、单体设备调试、分系统功能调试、系统联调、送电试验和调试质量等。适用于110(66)～750kV智能变电站建设、智能化改造工程的现场调试工作，智能电子设备运行检修也可参照其中的相应要求与措施执行。

6.1.3 智能变电站调试检修项目与流程

智能变电站的调试检修工作可分为系统配置、系统测试、系统动模、单体设备调试、分系统功能调试、全站功能联调、送电试验和编制调试报告。智能变电站新建及扩建时需要完成以上所有调试检修项目，而定期检修时，系统配置、系统测试、系统动模可作为检查项不再进行调试，如图 6-2 所示。

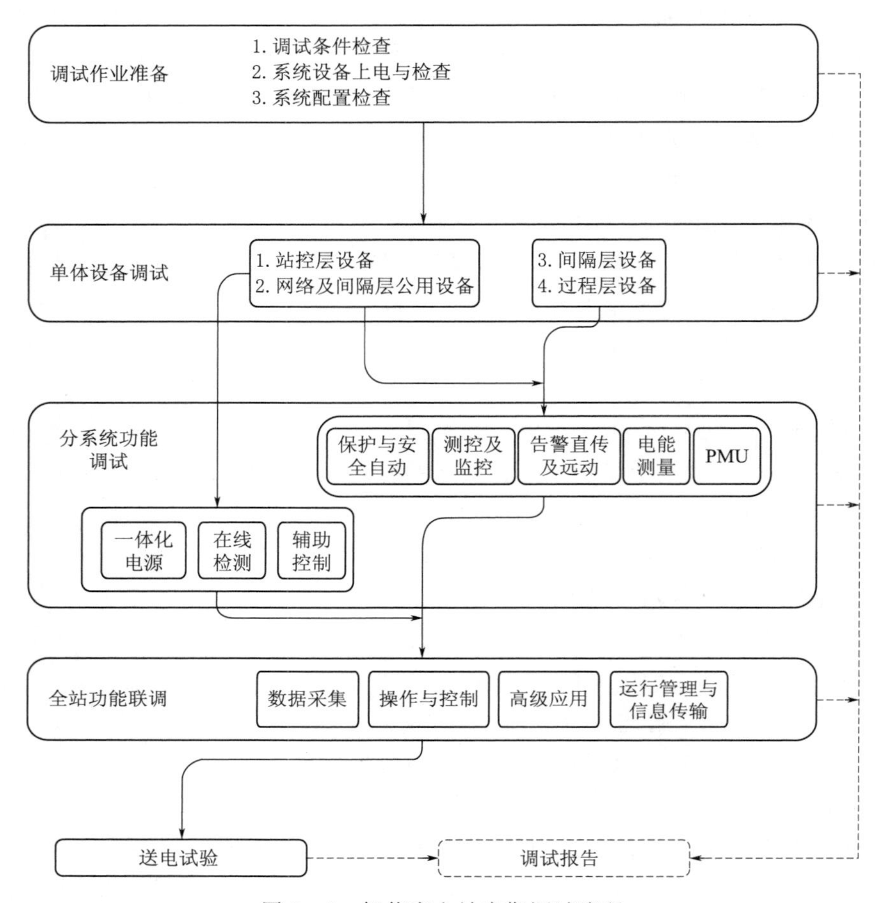

图 6-2　智能变电站定期调试流程

系统配置是调试检修工作开始前的第一环，配置流程如图 6-3 所示。系统配置可由用户完成，也可由自动系统集成商完成并经用户认可，设备安装与配置工作宜由相应厂家完成，也可在厂家的指导下由用户完成。

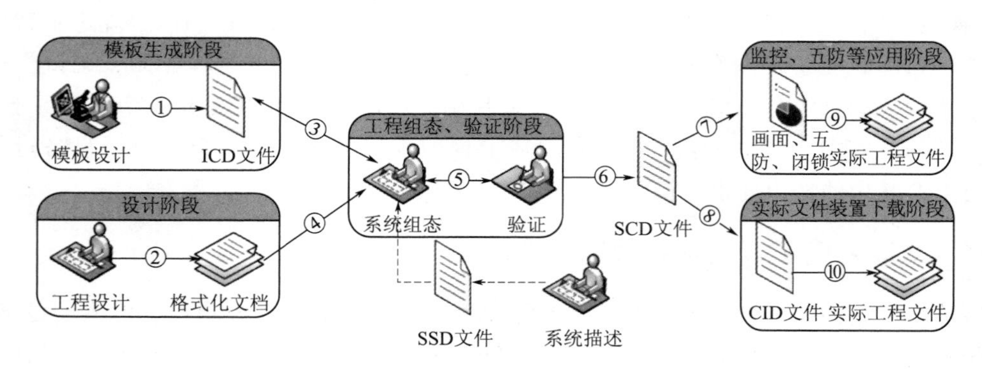

图 6-3　智能变电站系统配置流程

系统测试的目的是保证整站主要功能的正确性及性能指标正常，宜在集成商厂家集中镜像，但必须由用户或用户知道的第三方监督完成。系统测试也可在用户组织指定的场所进行，如电力试验研究院或变电站现场。为验证继电保护等整体系统（含电流/电压互感器、智能终端等）的性能和可靠性进行的变电站动态模拟试验。

系统动模试验单位资质应由用户认可，用户可全程参与系统动模试验。系统动模试验应出具完整的试验报告，对试验结果进行客观评价。

单体设备调试是为保证IED功能和配置正确性而对单个装置进行的试验，如电子式互感器及其MU、常规互感器及MU、智能终端、继电保护和安全自动装置、测控装置、电能表、同步相量测量装置以及对时系统。

分系统功能调试为保证分系统功能和配置正确性而对分系统上关联的多个装置进行的试验，如后台人机界面检验、后台事件记录及查询功能检验、后台定值召唤、修改功能检验等。

全站功能联调包括后台遥控功能检验、防误操作功能检验、AV(Q)C功能检验、设备状态可视化功能检验、智能告警功能检验、故障信息综合分析功能检验、保护故障信息功能检验、电能量采集功能检验、网络记录分析功能检验、后台双机冗余切换检查、网络试验、雪崩试验等。为保证设备及系统现场安装连接与功能正确性而进行的现场调试，主要包括回路、通信链路检验及传动试验。辅助系统（含视频监控、安全防范等）调试宜在现场调试阶段进行。设备投入运行时，用一次电流及工作电压加以检验和判定的试验。投产试验包括一次设备启动试验、核相与带负荷试验。

6.2 智能变电站二次安全防范工具使用方法

随着智能变电站的普及，智能变电站二次安全防范所需工具也得到了快速发展及应用。智能变电站二次安全防范工具可分为智能变电站调试仪器及相关配置软件。常用的智能变电站调试仪器包括智能继电保护测试仪、手持式调试终端等，常用的调试软件主要有SCD配置软件及图形化查看软件等。

6.2.1 智能继电保护测试仪

以昂立B系列智能继电保护测试仪为例，它是一台数模一体机，数字信号与模拟信号同步输出；支持同时收发多路符合《变电站通信网络和系统　第9-1部分：特定通信服务映射-通过单向多路点对点串行通信链路的采样值》(IEC61850-9-1)、《变电站通信网络和系统　第9-2部分：采样值传输协议》(IEC61850-9-2)、《互感器　第7部分：电子式电压互感器》(IEC60044-7)、《互感器 第8部分：电子式电流互感器》(IEC 60044—8) 规范的采样值（SMV）报文和GOOSE报文；最多具有10对LC光纤以太网接口（可任意配置为9-1/9-2的SMV发送端或GOOSE发送接收端），10个FT3光纤接口（8个发送，2个接收），支持24路独立的SMV通道映射；最多支持10路光功率测试。

1. SCL 文件导入

通过直接导入 SCL 配置文件（×. icd、×. cid、×. scd），可方便快捷地实现 SMV 及 GOOSE 的自动配置。

在“IEC－61850 配置”界面，点击 SCL 导入按钮，打开“ONLLY SCL 文件导入”界面，如图 6－4 所示。

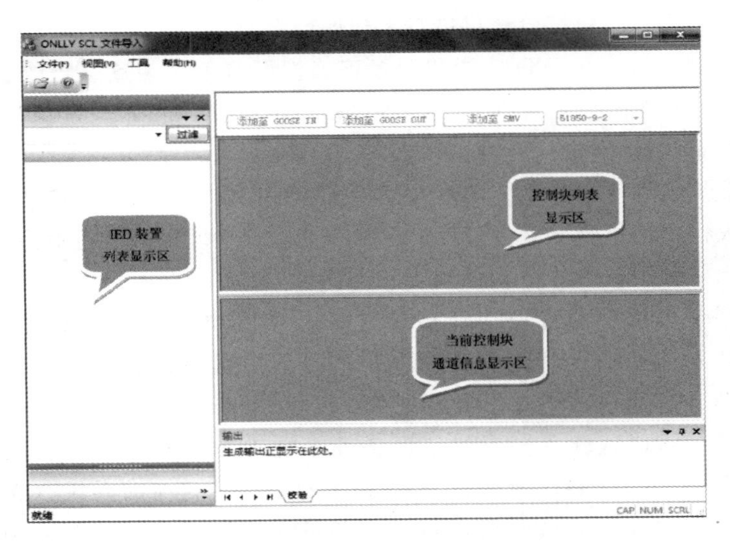

图 6－4　SCL 文件导入界面

导入 SCL 配置文件的步骤如下：

(1) 单击文件夹按钮，选择所需的模型文件，然后打开该模型文件。

(2) 在左侧的 IED 装置列表显示区中，点击所需测试的 IED 装置，展开显示该装置包含的控制块信息（如 SMV 输入/输出、GOOSE 输入/输出），在右侧窗口中将显示各个控制块的详细信息。

(3) 进行 SMV 配置，点击“SMV 输入/输出”文件夹，在右侧的控制块列表显示/选择区选中要模拟的 SMV 控制块，根据需要先选择 SMV 协议“61850－9－2”或“FT3 (60044－7/8)”，然后点击“添加至 SMV 配置”，即把选中的多个 SMV 控制块添加至 SMV 配置界面（图 6－5）。

(4) 进行 GOOSE 配置，点击“GOOSE 输入/输出”文件夹，在右侧的控制块列表显示/选择区选中要模拟的 GOOSE 控制块，根据需要点击“添加至 GOOSEIN 配置”或“添加至 GOOSEOUT 配置”，即把选中的多个 GOOSE 控制块添加至 GOOSEIN 或 GOOSEOUT 配置界面（图 6－6）。至此，即完成 SMV 及 GOOSE 的自动配置。

2. 报文侦听导入

当没有被测保护装置的模型文件时，可通过报文侦听导入配置参数，也可以方便快捷地实现 SMV 及 GOOSE 的自动配置。

在“IEC－61850 配置”界面，点击“报文监听导入”，即可打开“报文侦听导入”界

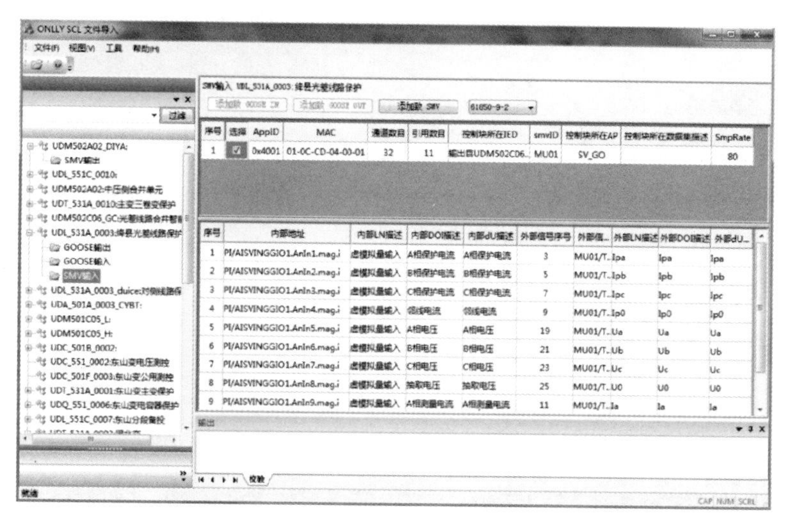

图 6-5　SCL 文件导入——导入 SMV 配置

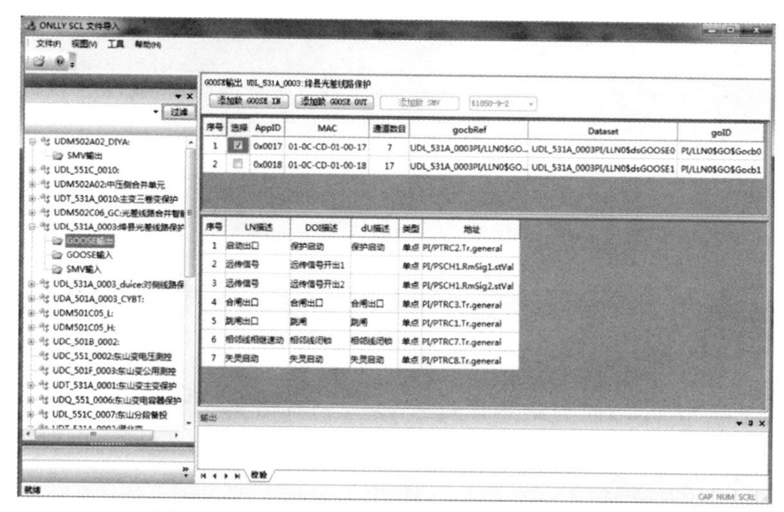

图 6-6　SCL 文件导入——导入 GOOSE 配置

面，如图 6-7 所示。

报文侦听导入的步骤如下：

（1）将被测装置所需的 SMV/GOOSE 输出的光纤连接到测试仪的光网口上（或者连接到光电转换器上）。

（2）在“报文侦听导入”界面，点击报文侦听设置，弹出“报文侦听设置”界面，如图 6-8 所示。

（3）选择报文侦听的方式［根据第（1）步的实际接线，选择抓取方式：“通过测试仪抓取”或“通过光电转换器抓取”］，然后再选择侦听所用的网卡，最后点击“OK”确认，完成设置。

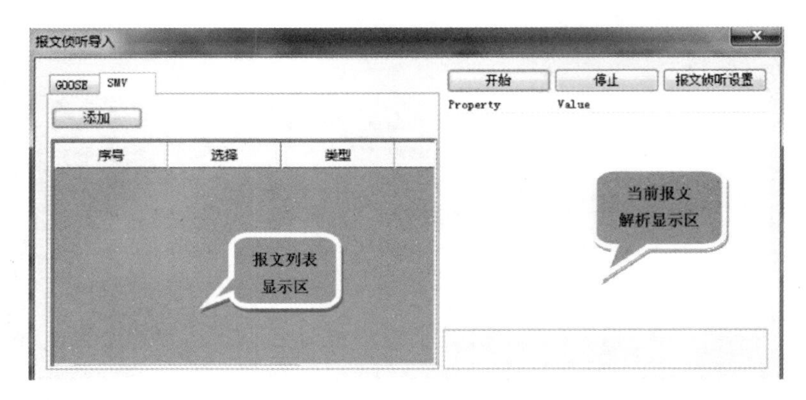

图 6-7 报文侦听导入界面

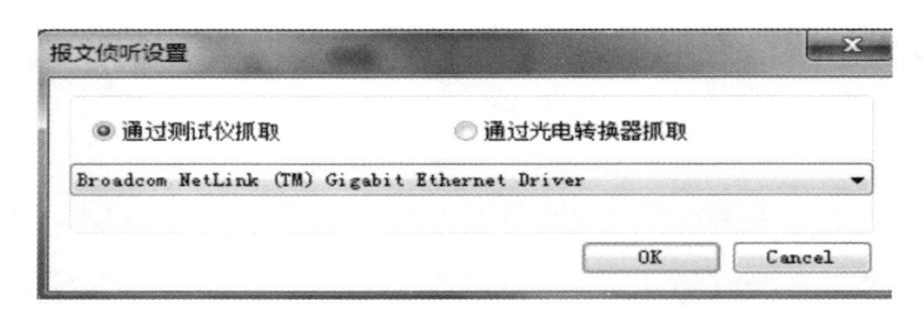

图 6-8 报文侦听设置界面

（4）点击“开始”，开始侦听报文，在左侧的报文列表区将显示已侦听到的 SMV/GOOSE 报文的目标 MAC 地址与 APPID，如图 6-9 所示。

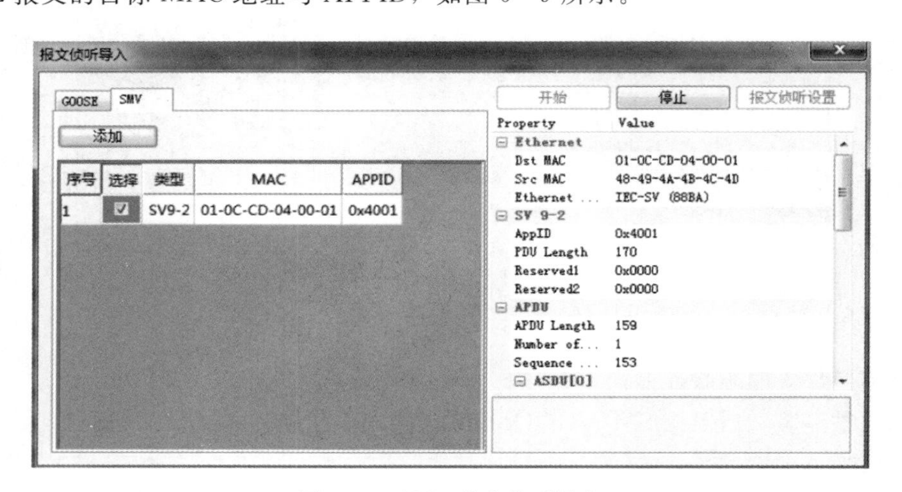

图 6-9 SMV 报文侦听导入

（5）点击“停止”，停止侦听报文。

（6）在 SMV 报文列表区，根据测试需求，勾选需要的 SMV 报文（右半区将显示其对应的报文解析），点击“添加”，把选中的多个 SMV 报文添加到 SMV 配置，如图 6-9

所示，在GOOSE报文列表区，根据测试需求，勾选需要的GOOSE报文（右半区将显示其对应的报文解析），点击“添加至GOOSEIN”或“添加至GOOSEOUT”，把选中的多个GOOSE报文添加到GOOSEIN或GOOSEOUT配置，如图6-10所示。至此，即完成SMV及GOOSE的自动配置。

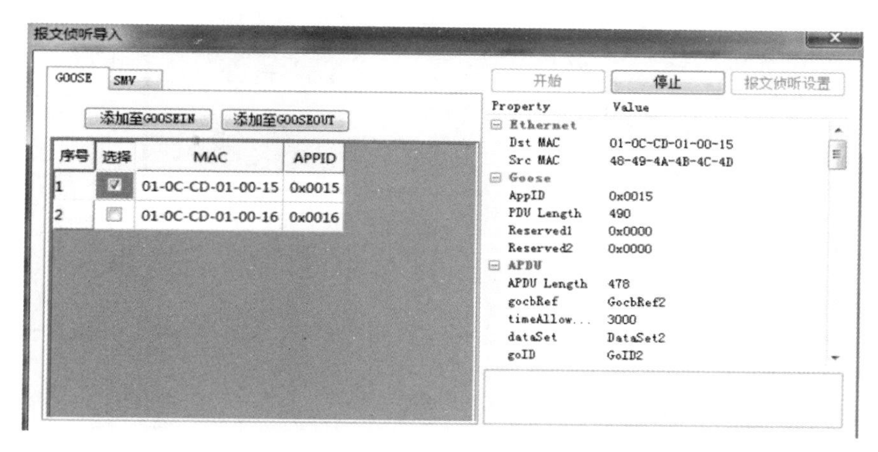

图6-10　GOOSE报文侦听导入

另外在报文侦听导入界面，还支持对当前侦听到的SMV/GOOSE报文与SMV/GOOSEIN/GOOSEOUT配置界面已有的控制块进行参数对比的功能。该功能在测试异常的情况下，有助于进行问题排查。

6.2.2　手持调试终端

智能变电站手持式调试终端支持SV、GOOSE发送及接收监测，具有携带、配置、测试方便，效率高，易于实现跨间隔移动检修及遥信、遥测对点等诸多优点，一般采用锂电池供电，工作时间长，非常适合智能变电站安装调试、运维检修、故障查找、技能培训等场合，现场适应能力强。

智能变电站具有一次设备智能化、二次设备网络化的特点，二次设备具有统一的数据来源和标准传输规约，相对于传统变电站二次系统而言，智能变电站二次系统测试设备具备了集成多种功能的基础，手持式调试终端逐步发展为集成多种功能于一体的便携式调试设备，如SV、GOOSE信号发送测试，SV、GOOSE信号示波及分析，送电核相，TA极性校核，时间同步信号监测，遥信遥测对点等丰富实用的功能，小型化和多功能化是手持式调试终端的必然发展趋势。

以CRX200型号的手持调试终端为例说明其使用方法。

1. SCD文件导入

（1）使用读卡器，在电脑上将SCD文件拷贝至TF卡中的“SCD”文件夹内。

（2）将TF卡插入仪器卡槽内，重启仪器。每次拔插更换TF卡后，需要重启设备，否则应用程序将无法使用。

（3）打开“SCD检查/转换”模块，如图6-11所示。

图 6－11　CRX200 功能选择页面

（4）进入 SCD 打开页面点击“选择”，如图 6－12 所示。

（5）选中实训室所用的 SCD 文件，点击“Open”（如 SCD 文件有更新，选择最新的文件）。

（6）点击“确定”。

（7）当屏幕最下方提示“解析完成，共耗时××（ms）”，则导入并转换 SCD 文件成功，如图 6－13 所示。

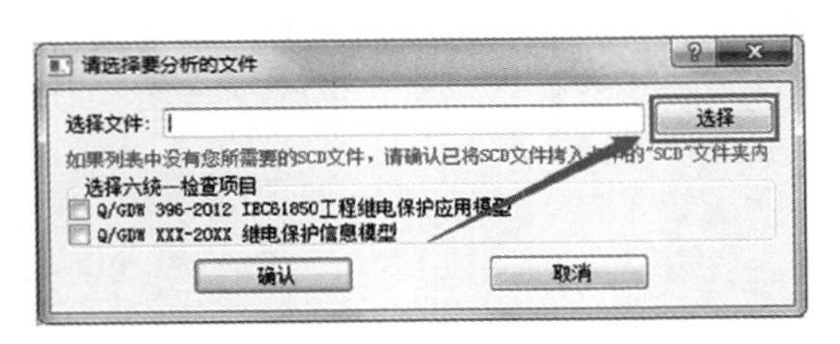

图 6－12　SCD 打开页面

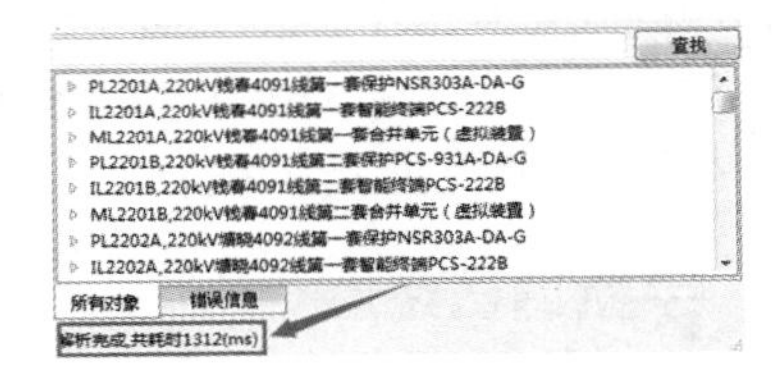

图 6－13　SCD 导入成功页面

SCD 文件无需多次导入，在下次更换前导入一次即可。

2. 导入 IED

（1）打开 CRX200 仪器测试界面任意测试功能模块，如“手动试验”模块。

（2）点按右下角的“F5：配置...”，如图 6－14 所示。

（3）确认“报文类型”已选择为“9－2(80 点/周)”后，点按“F5：导入 IED”，如

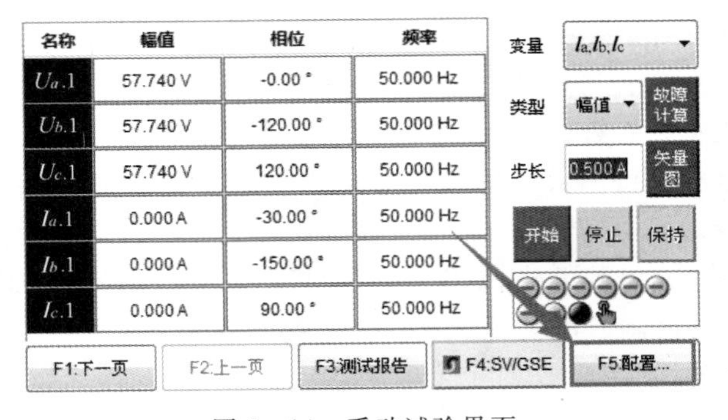

图 6－14　手动试验界面

图 6－15 所示。

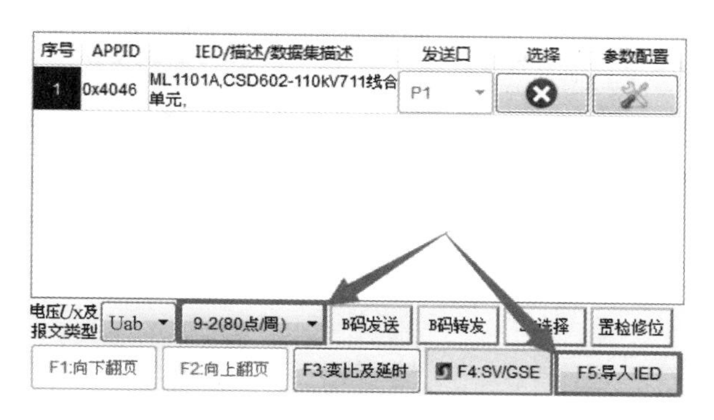

图 6－15　手动试验配置界面

因新的配置会覆盖此 MU，因此进入当前页面时，可能会显示已存在其他名称的 MU，继续操作即可。

（4）打开后进入 IED 选择页面，如图 6－16 所示，以 110kV711 开关保护屏 NSR304 线路保护装置为例，通过点按“F1：向下翻页”“F2：向上翻页”或左右方向键，找寻到保护装置名称描述，手指触摸点按或按上下方向键盘移动光标至“PL1101A/NSR304AM－110kV711 线保护”后，再按“F5：导入”。

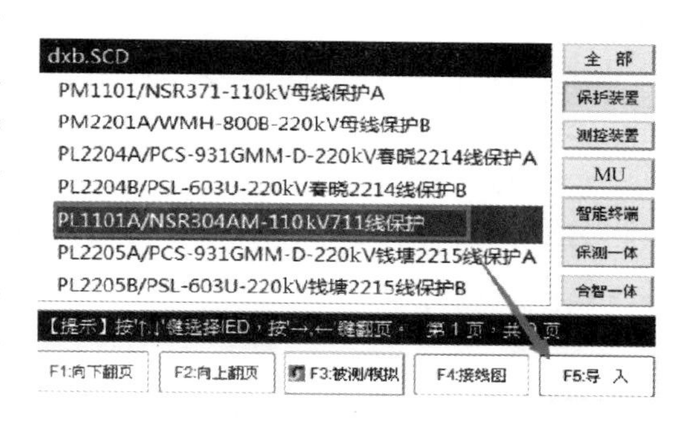

图 6－16　IED 选择界面

此时，会有对话框提示“是否清空原有 IED 列表?”，按“是”，覆盖之前已导入的 IED 设备。

如图 6－17 所示，手动试验配置页面显示的 IED 描述为“CSD602－110kV711 线 MU”，则表示导入 IED 配置成功。

导入 IED 装置后，通过“F4：SV/GSE”，切换 SV 和 GOOSE 配置页面。

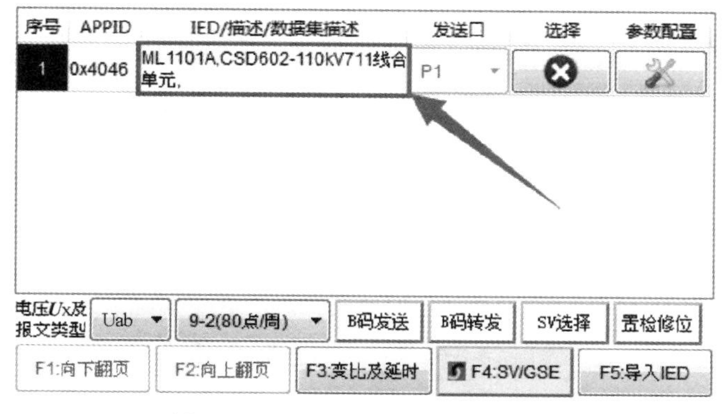

图 6－17　配置成功后的 IED 文件

3. SV 报文发送设置

(1) 开启 SV 发送，选择发送光口。如图 6－18 所示，在“选择”列，手指触摸点选图标变√（√表示当前组 SV 控制块发送“开启”，×表示当前组 SV 控制块发送“关闭”）。

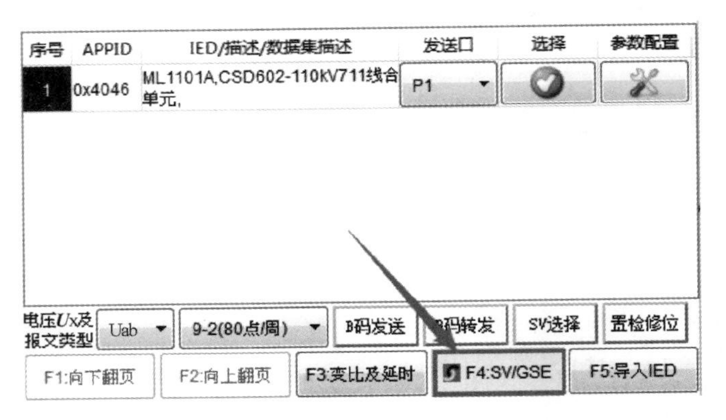

图 6－18　切换到 SV 设置

“发送口”选择 P1（P1、P2、P3 分别对应当前组 SV 报文从光口 1、光口 2、光口 3 发出，发送光口可任意选择）。

(2) 通道映射点按右上角的“参数配置”按钮，如图 6－19 所示。在“参数配置”页面，程序已根据 SCD 文件自动映射好电流电压通道，图 6－19 中的 $I_{a.1}$、$I_{b.1}$、$I_{c.1}$，后缀“.1”表示第一组变量，由参数页面的 $I_{a.1}$、$I_{b.1}$、$I_{c.1}$ 控制输出。

序号	CSD602-…(0x4046)	映射	通道类型	通道延时	品质
1	GeneralMU额定延时→	延时	延时通道	1625μs	0x0000
2	保护A相电流 I_a→开关1A相保护电流	$I_{a.1}$	保护电流		0x0000
3	保护A相电流 I_a→开关1A相启动电流	$I_{a.1}$	保护电流		0x0000
4	保护B相电流 I_b→开关1B相保护电流	$I_{b.1}$	保护电流		0x0000
5	保护B相电流 I_b→开关1B相启动电流	$I_{b.1}$	保护电流		0x0000
6	保护C相电流 I_c→开关1C相保护电流	$I_{c.1}$	保护电流		0x0000

F1:品质清零　F2:置检修位　F3:置无效位　F4:报文参数　F5:变量选择

图 6－19　参数配置页面

点按“F5：变量选择”菜单，如图 6－20 所示，可快速切换通道映射至其他组变量。新添加的 SV 控制块默认为第一组变量。按 ESC 键返回。

变比及通道延时设置界面如图 6－21 所示。

点按“F3：变比及延时”，因变量选择为第一组变量，所以设置第一组变比及通道延时，如“电压变比”为 110kV：100V；“电流变比”为 1200：5；“通道延时”为 1625μs。

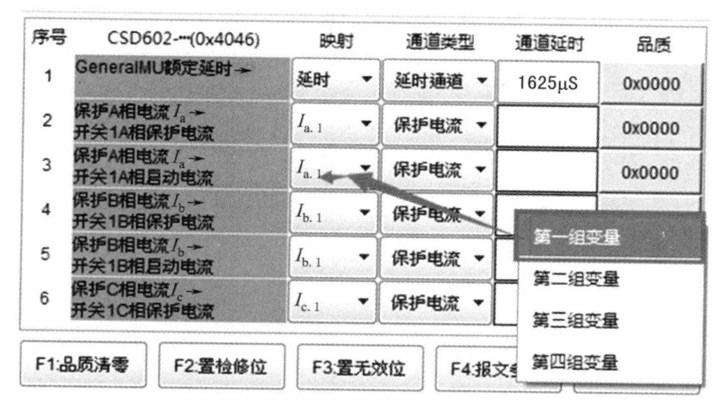

图 6-20 变量选择

名称	一次值(电压)	二次值(电压)	一次值(电流)	二次值(电流)	通道延时
第一组 (U_a.1,…,I_c.1)	110 kV	100 V	1200 A	5 A	1625μs
第二组 (U_a.2,…,I_c.2)	110 kV	100 V	1200 A	5 A	1625μs
第三组 (U_a.3,…,I_c.3)	110 kV	100 V	1200 A	5 A	1625μs
第三组 (U_a.4,…,I_c.4)	110 kV	100 V	1200 A	5 A	1625μs

提示：通道延时与每组变量进行了绑定。如果一控制块的SV里包含两组或两组以上的变量，其分别对应的延时务必设成相等的时间值。

【提示】设置后，按"ESC"键确认并返回。

图 6-21 变比及通道延时设置页面

部分厂家的保护装置具有通道延时记忆功能，保护装置上电之后只记忆上电之后第一次接收到的 SV 通道延时值，如果通道延时值发生变化，保护装置会报"通道延时变化"告警，闭锁保护，此时需将保护装置断电重启或更改测试仪 SV 报文的通道延时值使现场 MU 通道延时一致则消除告警。例如测试仪加量后保护装置报"通道延时变化告警"，此时断电重启保护装置后告警则会消失。如果合并单元延时为 1625μs，通道延时也设置为 1625μs，通道延时变化告警也会消失。

6.2.3 SCD 配置软件

SCD 配置软件就是用来整合数字化变电站内各个孤立的 IED 为一个完善的变电站自动化系统的系统性软件，可以记录 SCD 文件的历史修改记录，编辑全站一次接线图，映射物理子网结构到 SCD 中，可配置每个 IED 的通信参数、报告控制块、GOOSE 控制块、SMV 控制块、数据集、GOOSE 连线、SMV 连线、DOI 描述等。以 SCL Configurator 软件 SCD 配置软件为例。SCL Configurator 包括 Header 部分、Communication 部分、Substation 部分、IED 部分。Header 部分用于记录 SCD 文件的更新记录，手动输入维护记录，version（版本）用于有较大修改时的版本记录，revison（修订版本）用于在某一个版本基础上做小修改而生成的修订版本号。Communication

部分为现场实际物理通信子网的映射：MMS独立组网时，子网的类型为8-MMS，子网的address中存放本子网内装置的MMS访问点；GOOSE独立组网时，子网的类型为IECGOOSE，子网的GSE中存放本子网内装置的GOOSE访问点；SV独立组网时，子网的类型为SMV，子网的SMV存放本子网内装置的SV访问点；GOOSE及SV共网时，可建一个子网，其类型选择IECGOOSE，GSE和SMV分别存放GOOSE访问点和SV访问点。Substation部分用于编辑变电站内主接线图等，供后台直接读取画面。IED部分提供全站IED的添加、更新、删除功能，并提供对IED详细内容的查看。SCL Configurator使用方法如下。

1. 新建SCD文件

打开SCL Configurator。点击“新建”，如图6-22所示，输入建立的SCD文件名称，点击“保存”。

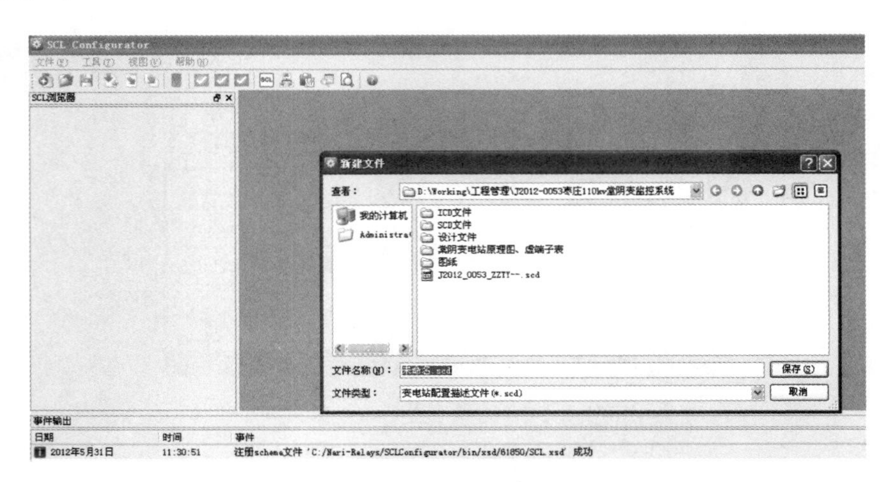

图6-22 SCD新建页面

2. IED配置

（1）新建IED。如图6-23所示，点击右上角“IED”选项中的“新建”，进入“导入

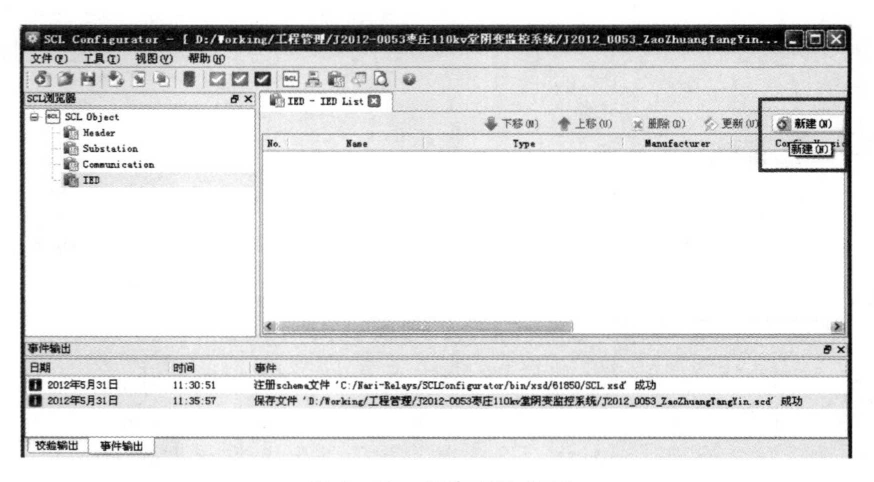

图6-23 新建IED界面

TED 向导”增加一个 ICD 文件。

（2）IED 命名。点击“下一步”，输入“IED 名称”“ICD 文件名”，选择对应的装置 ICD 文件打开，如图 6-24 所示。

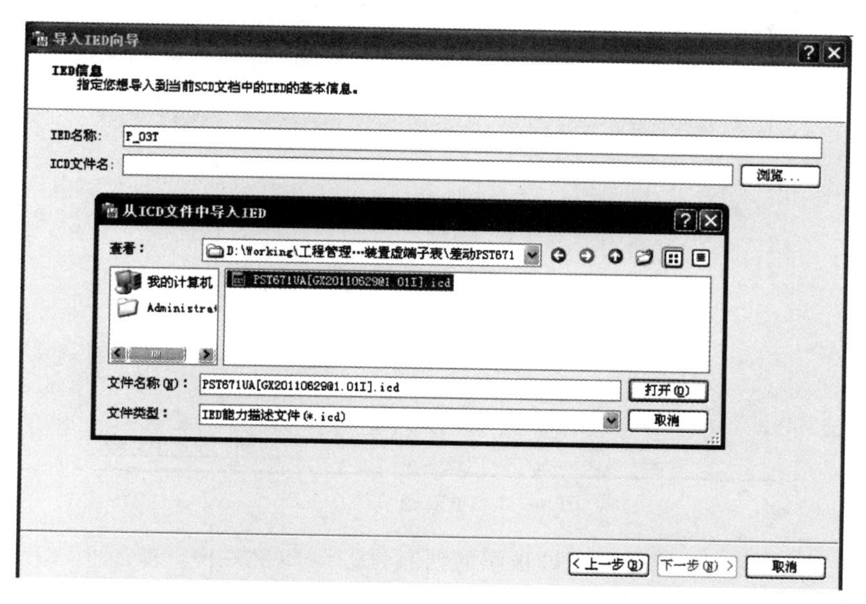

图 6-24　ICD 选择页面

点击“下一步”进入“Schema 校验结果”。该项显示 Schema 校验结果，可以忽略校验过程中产生的任何错误或警告而直接进入下一步。

点击“下一步”，如果有类型冲突则进入“处理数据类型冲突”，选择“全部添加前缀”，前缀名为该 IED 的名称，如图 6-25 所示。

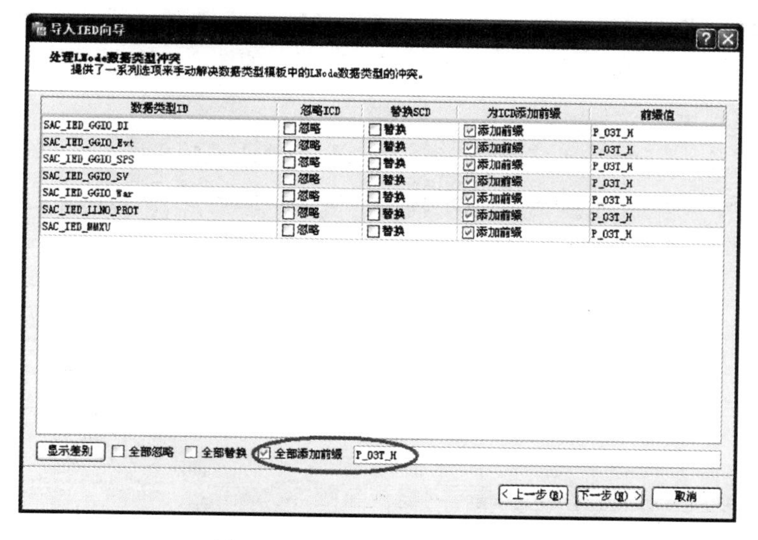

图 6-25　LNode 冲突处理页面

正常情况不会出现更新通信信息界面，如果出现该界面，在“不导入通信配置信息”项打勾后点击下一步，如图 6-26 所示。

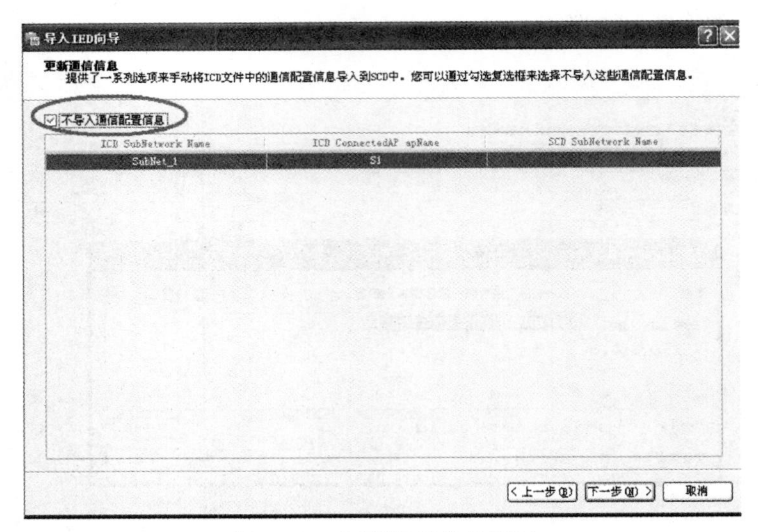

图 6-26　更新通信信息页面

点击“完成”，一个新的 IED 即被添加到当前的 SCD 文件中，如图 6-27 所示，可根据需要对“Description”中的中文说明进行修改。

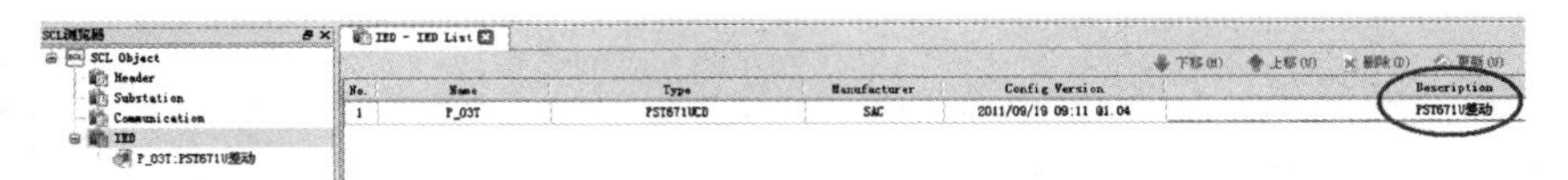

图 6-27　IED 导入成功后显示界面

3. SMV 虚端子配置

打开需要配置输入虚端子的 IED 设备，点击“Input”选项。找到 IED 设备中，定义有“SVLD”前缀的 LD 项，选择 LN 项为“LLNO”，如图 6-28 所示。

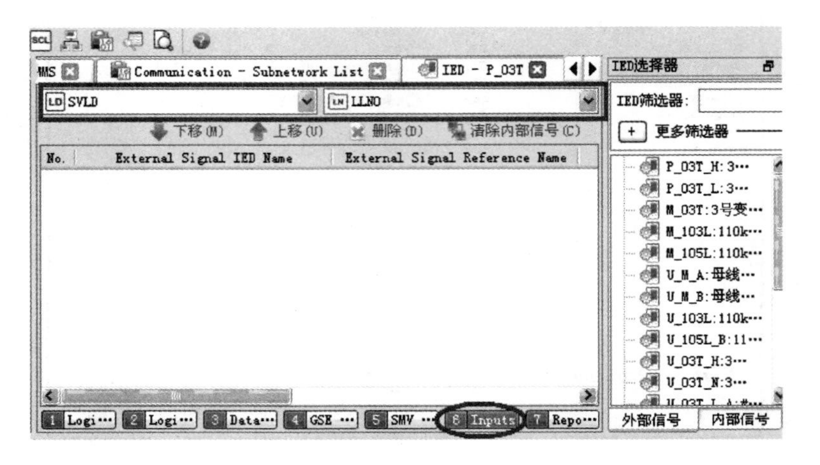

图 6-28　IED 设备 SMV 配置页面

在“IED 选择器”中，先选择“外部信号”选项，该选项将显示所有其他 IED 设备的数据控制块信息。选择想要接入的 IED 设备名，然后找到 SMV 发送数据集，选择想要接入的数据，点击鼠标拖入软件中间空白栏内，如图 6－29 所示。

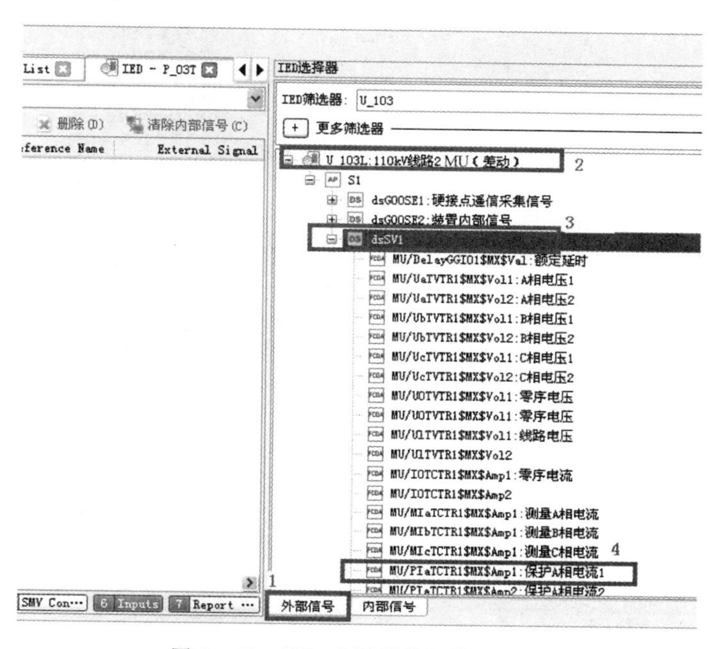

图 6－29　IED 选择器外部信号页面

将所有需要接入的虚端子选择完成后，注意除了接入数据，还需要将数据集中的额定延时拖入。点击“内部信号”，将对应的内部信号与外部信号一一对应即可建立采样值虚端子连接，如图 6－30 所示。

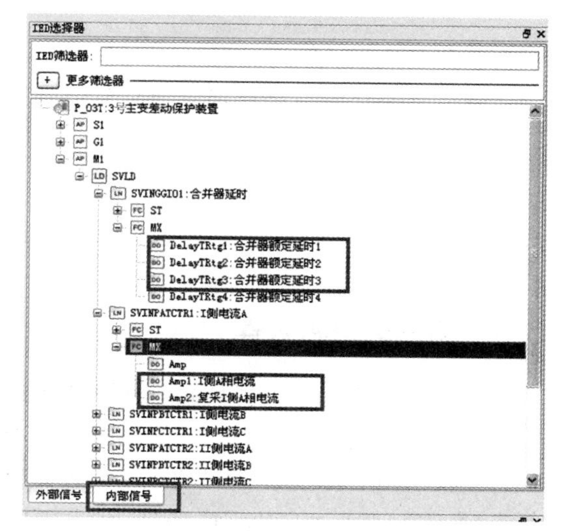

图 6－30　IED 选择器内部信号页面

4. GOOSE 虚端子配置

打开需要配置输入虚端子的 IED 设备，点击“Input”选项。找到 IED 设备中，定义有“GOIN”前缀的 LD 项，选择 LN 项为“LLNO”。

在“IED 选择器”中，先选择“外部信号”选项，该选项将显示所有其他 IED 设备的数据控制块信息。选择想要接入的 IED 设备名，然后找到 GOOSE 发送数据集，选择想要接入的数据，点击鼠标拖入软件中间空白栏内，如图6－31 所示。

将所有需要接入的虚端子选择完成后。点击“内部信号”，将对应的内部信号与外部

LD PI02 LN LLN0

下移(M) 上移(U) 删除(D) 清除内部信号(C)

No.	External Signal IED Name	External Signal Reference Name	External Signal Description
7	E_03T_L	RPIT/GGIO1.Ind6.stVal	#3主变低压侧智能终端/遥信06
8	E_03T_L	RPIT/GGIO1.Ind7.stVal	3号主变低压侧智能终端/遥信07
9	E_03T_L	RPIT/GGIO1.Ind8.stVal	3号主变低压侧智能终端/遥信08
10	E_03T_L	RPIT/GGIO1.Ind9.stVal	3号主变低压侧智能终端/遥信09
11	E_03T_L	RPIT/GGIO1.Ind10.stVal	3号主变低压侧智能终端/遥信10
12	E_03T_L	RPIT/GGIO1.Ind11.stVal	3号主变低压侧智能终端/遥信11
13	E_03T_L	RPIT/GGIO1.Ind12.stVal	3号主变低压侧智能终端/遥信12
14	E_03T_L	RPIT/GGIO1.Ind13.stVal	3号主变低压侧智能终端/遥信13
15	E_03T_L	RPIT/GGIO1.Ind14.stVal	3号主变低压侧智能终端/遥信14
16	E_03T_L	RPIT/GGIO1.Ind15.stVal	3号主变低压侧智能终端/遥信15
17	E_03T_L	RPIT/GGIO1.Ind16.stVal	3号主变低压侧智能终端/遥信16
18	E_03T_L	RPIT/GGIO1.Ind17.stVal	3号主变低压侧智能终端/遥信17
19	E_03T_L	RPIT/GGIO1.Ind18.stVal	3号主变低压侧智能终端/遥信18
20	E_03T_L	RPIT/GGIO1.Ind19.stVal	3号主变低压侧智能终端/遥信19
21	E_03T_L	RPIT/GGIO2.Ind0.stVal	3号主变低压侧智能终端/遥信20
22	E_03T_L	RPIT/AlmGGIO1.Alm0.stVal	3号主变低压侧智能终端/装置运行异常信号
23	E_03T_L	RPIT/AlmGGIO1.Alm1.stVal	3号主变低压侧智能终端/过程层数据接收…
24	E_03T_L	RPIT/AlmGGIO1.Alm2.stVal	3号主变低压侧智能终端/过程层数据发送…
25	E_03T_L	RPIT/AlmGGIO1.Alm3.stVal	3号主变低压侧智能终端/GPS校时异常

图 6-31 待接入的数据点

信号一一对应即可建立采样值虚端子连接，如图 6-32 所示。

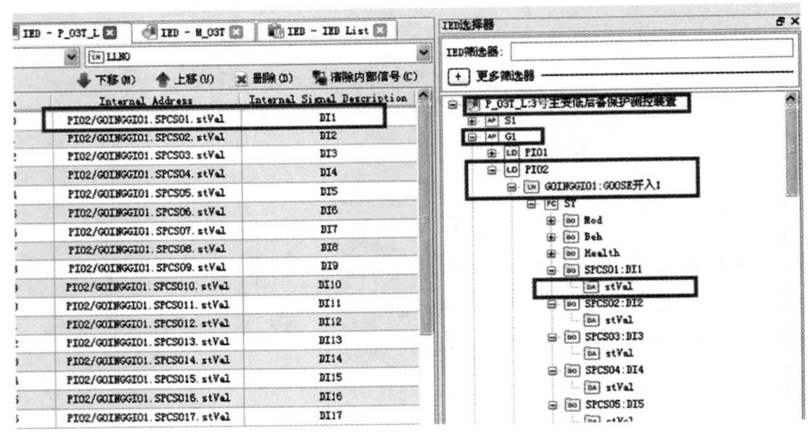

图 6-32 内外信号连接

6.2.4 图形化查看软件

目前测试仪的配置大多是面向 APPID 的，通过选择 APPID 来设置需要发送与接收的 SV、GOOSE 控制块，这种配置方法的不足是须查看虚端子表或虚端图，记录被测 IED 的发送接收 APPID。手持调试终端 DME5000 的图形化查看软件测试配置是面向 IED 及图形化 SCD 的，可通过如下方法进行测试配置：

（1）导入 SCD 文件，设置报文发送类型及缺省电压、电流变比。

（2）进入 IED 列表，选择被测 IED 设备，如图 6-33(a) 所示，IED 设备可通过输入关键字（如 IED 名字、厂家及描述等信息）进行查找确定。

（3）查看所选 IED 设备的关联图，如图 6-33(b) 所示，对 IED 设备输入输出关系进

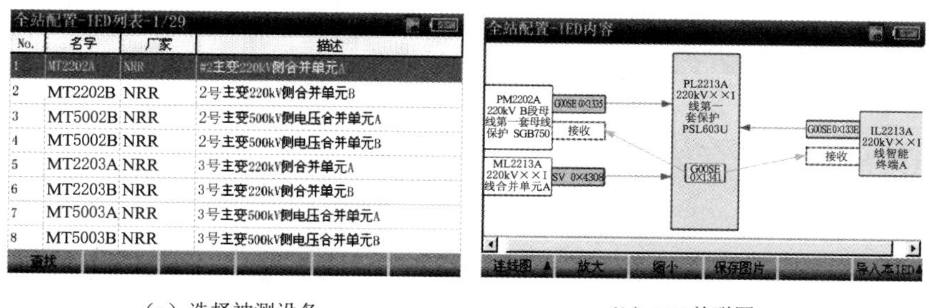

（a）选择被测设备　　　　（b）IED关联图

图 6－33　测试配置

行确认。

1）选择导入本 IED，将图形化 IED 的关联关系自动导入测试配置，即将所选 IED 的 SV 输入配置成测试仪的 SV 输出、IED 的 GOOSE 输入配置成测试仪的 GOOSE 输出、IED 的 GOOSE 输出配置成测试仪的 GOOSE 输入。

2）设置测试仪发送光口，DM5000E 提供 3 对光以太网接口，设置各 SV、GOOSE 控制块发送光口号。

6.3　智能变电站二次安全防范技术及原则

6.3.1　二次安全防范实施原则

智能变电站装置二次安全防范措施中，检修压板、软压板、光纤、智能终端硬压板是几个经常需要操作的位置。投退检修压板将影响报文的 TEST 位，报文接收装置将接收到的 GOOSE 报文 TEST 位、SV 报文数据品质 TEST 位与装置自身检修压板状态进行比较，做“异或”逻辑判断，两者一致时，信号进行处理或动作，两者不一致时则报文视为无效，不参与逻辑运算。软压板分为发送软压板和接收软压板，用于从逻辑上隔离信号输入、输出。装置输入信号由保护输入信号和接收压板数据对象共同决定，装置输出信号由保护输出信号和发送压板数据对象共同决定，通过改变软压板数据对象的状态便可以实现某一路信号的通断。光纤是智能变电站通信的主要通道，断开装置间的光纤能够保证检修装置（新上装置）与运行装置的可靠隔离。智能终端二次回路中的出口硬压板可以作为一个明显电气断开点实现该二次回路的通断。

为保证检修装置（新上装置）与运行装置的安全隔离，智能变电站继电保护作业二次安全防范应该遵循以下原则：

（1）间隔二次设备检修时，原则上应停役一次设备，并与运行间隔做好安全隔离措施。

（2）双重化配置的二次设备仅单套装置（除 MU）发生故障时，可不停役一次设备进行检修处理，但应防止无保护运行。

（3）智能终端出口硬压板、装置间的光纤插拔可实现具备明显断点的二次回路隔离。

(4) 由于断开装置间光纤的安全措施存在着检修装置(新上装置)试验功能不完整、光纤接口使用寿命缩减、正常运行装置逻辑受影响等问题,作业现场应尽量避免采用断开光纤的安全措施。“三信息”可以代替光缆插拔。

(5) 通过“三信息”比对或安措可视化界面核对检修装置(新上装置)、相关联的运行装置的检修状态以及相关软压板状态等信息,确认二次安全隔离执行到位后方可开展工作。

(6) 对于确实无法通过退软压板停用保护,且与之关联的运行装置未设置接收软压板的 GOOSE 光纤回路,可采取断开 GOOSE 光纤的方式实现隔离,不得影响其他装置的正常运行。断开 GOOSE 光纤回路前,应对光纤做好标识,取下的光纤应用相应的保护罩套好光接头,防止污染物进入光器件或污染光纤端面。

(7) 双重化配置间隔中,单一元件异常处置原则:保护装置异常时,放上装置检修压板,重启一次;智能终端异常时,取下出口硬压板,放上装置检修压板,重启一次;间隔 MU 异常时,放上装置检修压板,重启一次;以上装置重启后若异常消失,将装置恢复到正常运行状态;若异常没有消失,保持该装置重启时状态,必要时申请停役一次设备(见厂站运行规程)。

(8) 装置异常处理后需进行补充试验,确认装置正常、配置及定值正确;保持装置检修压板处于投入状态、发送软压板处于退出状态后,接入光缆;检查通信链路恢复、传动试验正常后装置方可投入运行。

(9) GOOSE 交换机异常时,重启一次;更换交换机后,需确认交换机配置与原配置一致、相关装置链路通信正常。

(10) 主变非电量智能终端装置发生 GOOSE 断链时,非电量智能终端可继续运行,应加强运行监视。

6.3.2 MU 二次安全防范措施

MU 是指对一次互感器传输过来的电气量进行合并和同步处理,并将处理后的数字信号按照特定格式转发给其他过程层设备或间隔层设备使用的装置。

按照功能,MU 一般可以分为间隔 MU 和母线 MU。

(1) 间隔 MU 用于线路、变压器等间隔电气量的采集,以及级联母线 MU 采集的电压信号。间隔电气量一般包括三相电压、三相保护电流、三相测量电流、同期电压、零序电压、零序电流等。对于双母线接线的间隔,间隔 MU 可以根据本间隔母线隔离开关的位置,自动实现电压切换的功能。

(2) 母线 MU 一般用于采集母线电压或者同期电压,在需要电压并列时,可以通过采集母联(分段)断路器位置和母线电压并列的控制命令(Ⅰ母强制并列至Ⅱ母、Ⅲ母强制并列至Ⅰ母),由软件内部逻辑自动实现母线电压并列的功能。

6.3.2.1 MU 安全防范措施实施方法

以第一套间隔 MU 为例,检修或进行缺陷处理时,二次安全防范技术主要包括:

(1) 在一次设备停电的情况下:①退出第一套母差保护对应支路 SV 接收软压板;②投入该 MU 检修压板。注意:先退出母差保护对应支路 SV 接受软压板,再投 MU 检修压板，防止母差保护闭锁。

(2) 在一次设备停电的情况下：①对应 220kV 第一套线路保护改信号；②对应 220kV 第一套母差保护改信号；③投入该 MU 检修压板。注意：不可随意退出母差 SV 接受软压板，防止母差保护误动作。

6.3.2.2 实际案例

【案例 6.1】 MU 检修状态硬压板未正确放置造成事故

1. 现象

某 330kV 智能变电站，事故前 330kV Ⅰ母、Ⅱ母，通过第 1 完整串、第 3、第 4 不完整串合环运行，甲乙Ⅰ线、甲乙Ⅱ线以及 1 号主变、3 号主变处于运行状态，3320、3322 断路器及 2 号主变停电检修。甲变电站 330kV 系统接线如图 6-34 所示，其中 3322、3320、3352、3350 断路器断开，其余闭合。

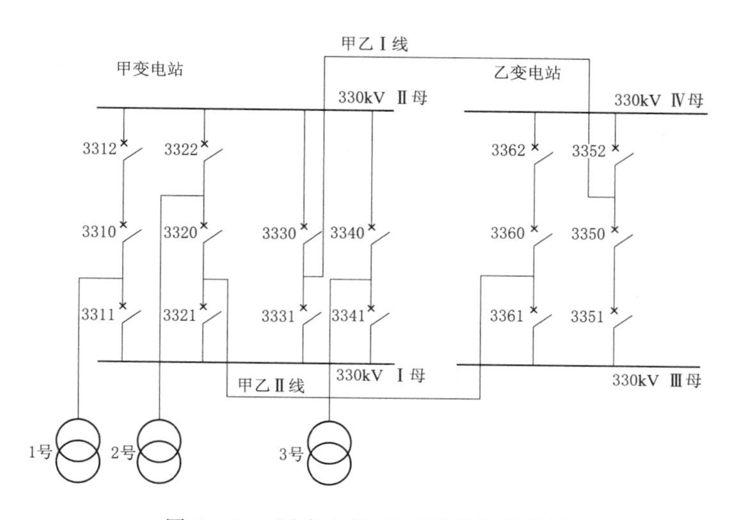

图 6-34 甲变电站 330kV 系统接线图

某日，甲乙Ⅰ线 11 号塔发生 A 相接地故障，甲乙Ⅰ线路甲站侧保护装置因中间断路器 3320MU 检修状态硬压板投入，双重化配置的两套保护装置均闭锁。甲站 1 号、3 号主变高压侧后备保护动作跳闸，跳开高中低三侧开关，750kV 乙变电站侧甲乙Ⅱ线后备保护零序Ⅱ段动作跳闸，造成故障范围扩大，330kV 甲变电站及所带 8 座 110kV 变电站、1 座牵引站和 1 座 110kV 水电站失压。

2. 检查情况

实施甲站 2 号主变及三侧断路器智能化改造工作。在工程开工前，运维操作人员根据工作票所列二次安全措施内容，依次投入 3320 断路器第一套、第二套 MU "检修状态"硬压板，甲乙Ⅰ线第一套保护装置（装置型号为 PCS-931G-D）"告警"灯亮，面板显示"3320A 套 MU SV 检修投入报警"；甲乙Ⅰ线第二套保护装置（装置型号为 WXH803B）"告警"灯亮，面板显示"TA 检修不一致"。根据保护装置设计原理，通过分析甲乙Ⅰ线第一套、第二套保护装置告警信息，可知当中断路器 MU 检修状态压板投入时，其发送的SV采样值强制为检修状态，采样数据品质q的test位置“true”，由于此时两套保护装置处于运行状态，而装置采集到的MU发送电流采样值为检修状态，保护装置将SV报文中的test位与自身的检修状态进行比较，只有两者一致时才将该采样值用于保护逻辑运算，否则保护装置闭锁相关的电流保护。由于中间3320断路器处于停运状态，此时为了解除线路保护装置闭锁，只有将保护装置相应断路器的“SV接收”软压板退出（线路保护检修状态逻辑框图如图6-35所示）。以上告警信号的出现并未引起现场检修、运维人员的注意，且没有采取正确处理措施，致使线路发生故障时造成严重的越级跳闸事件。

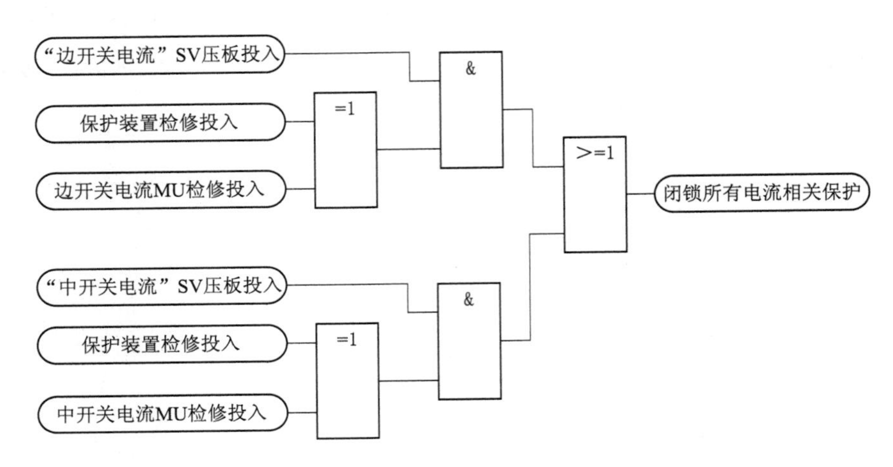

图6-35 线路保护检修状态逻辑框图

【案例6.2】 MU运行环境不良造成故障

1. 现象

装置上电后一直卡在初始化85%位置，相关保护测控装置均无法收到采样与信号。

2. 检查情况

现场检查为CPU板故障导致装置无法启动，更换CPU板后恢复正常，CPU损坏原因需返厂检测。

现场检查就地智能柜内温度极高，装置运行温度可能达到60～70℃，就地智能柜按规程应在−10～50℃，装置在夏天长期运行在超温环境，可能是装置CPU损坏的一大原因。

【案例6.3】 MU配件造成故障

1. 现象

某110kV线MU装置散热风扇不工作，温控仪不显示，打开装置柜门，温度降低后，该信号复归，柜门关闭后，信号重新发出。

2. 检查情况

现场发现该系列热转换器（4台，分别为某110kV线智能柜、1号主变智能柜、2号主变智能柜和110kVⅡ段母线压变智能柜内的热转换器）均是由于该热转换器的主板损坏，导致风扇不转、黑屏、后台温度显示不正确，如图6-36所示。

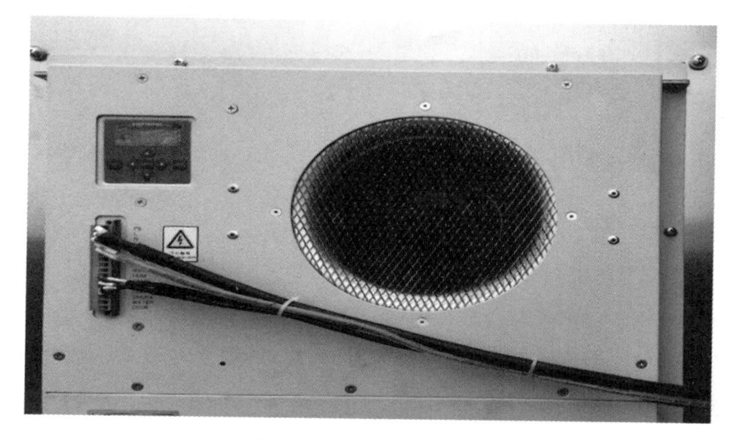

图 6-36　热转换器装置

3. 处理结果

更换 4 台热转换器的主板（图 6-37）后，风扇正常运转，无黑屏，后台及监控显示智能柜温度正确。

图 6-37　热转换器装置的主板

6.3.3　智能终端二次安全防范措施

智能终端与一次设备采用电缆连接，与保护、测控等二次设备采用光纤连接，实现对一次设备的测量、控制等功能。

按照功能，智能终端一般可以分为分相智能终端、三相智能终端、变压器本体智能终端等类型。

智能终端通过开关量采集模块采集断路器、隔离开关、变压器等设备的信号量，通过模拟量小信号采集模块采集环境温湿度等直流模拟量信号，将这些信号处理后，以 GOOSE 报文形式输出。

智能终端还接收从间隔层发来的 GOOSE 命令，包括保护跳合闸、闭锁重合闸、遥控命令、复归等，接收后能在满足逻辑的情况下执行相应操作命令。

同时智能终端还具备操作箱功能，支持就地手动的开关操作。

6.3.3.1 智能终端安全防范措施实施方法

以第一套智能终端为例，检修或进行缺陷处理时，二次安全防范技术主要包括：

（1）消缺前安全措施。

1）退出本间隔第一套智能终端出口硬压板，并投入检修压板。

2）退出本间隔第一套保护 GOOSE 出口软压板，启失灵软压板。

3）投入母线保护中本间隔隔离开关强制软压板。

4）如有需要，可断开智能终端背板光纤，解开至另一套智能终端的闭锁重合闸回路。

（2）消缺后传动时安全措施。

1）退出本间隔第一套智能终端出口硬压板，并投入检修压板。

2）退出 220kV 第一套母线保护内运行间隔 GOOSE 出口软压板，失灵联跳发送软压板，并投入保护装置检修压板。

3）投入本间隔第一套线路保护装置检修压板。

4）如有需要可退出该线路保护至线路对侧纵联光纤，解开至另一套智能终端的闭锁重合闸回路。

该种安全措施方案可传动至该边断路器智能终端出口硬压板，如有必要可停役相关一次设备做完整的整组传动试验。

6.3.3.2 实际案例

【案例 6.4】 智能终端消缺时安全防护实例

1. 缺陷现象

智能设备组网方式变电站 220kV、110kV 系统均采用双母线接线，35kV 系统采用单母线分段接线；220kV 系统环网运行，110kV、35kV 系统分列运行。站内主变保护装置及各侧断路器智能终端、MU 设备均采用双重化配置，两套配置之间相互独立。1 号主变接线如图 6－38 所示。

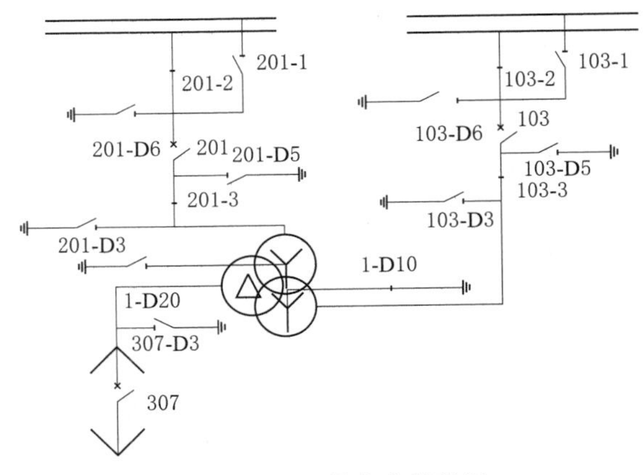

图 6－38 1 号主变接线图

1号主变110kV侧过程层GOOSE网络数据流如图6－39所示。

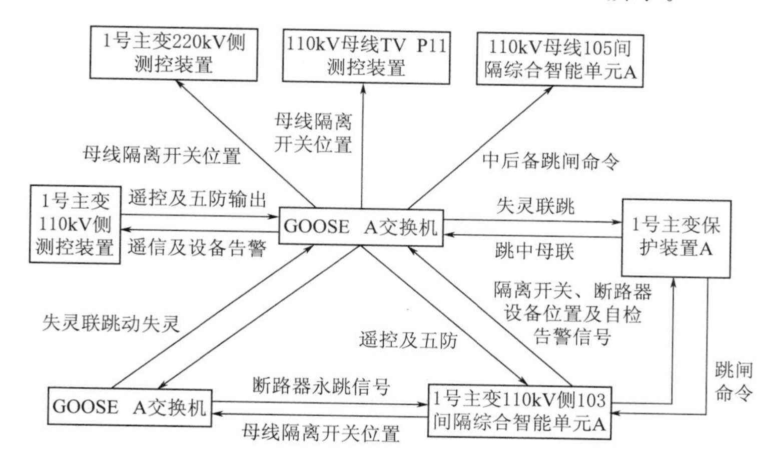

图6－39 GOOSE网络数据流图

变电站出现以下问题：110kV母线TV P11测控装置GOOSE接收总状态异常；1号主变220kV侧测控装置GOOSE接收总状态异常；1号主变110kV侧测控装置GOOSE接收总状态异常；110kV母线保护装置接收1号主变110kV侧103间隔综合智能单元A GOOSE中断。现场检查110kV母线TV P11测控装置告警灯点亮，装置显示GOOSE接收控制块3异常，GOOSE数据接收总状态告警，110kV母线保护装置链路异常告警灯亮，装置显示GOOSE 9A网中断，1号主变220kV侧测控装置告警灯亮，装置显示GOOSE接收控制块3异常，GOOSE接收总状态异常，1号主变110kV侧测控装置告警灯亮，装置显示GOOSE接收控制块14～GOOSE接收控制块18异常，GOOSE接收总状态异常；现场检查110kV母线保护装置差流、1号主变差动保护差流正常，母线隔离开关位置显示正常。

2. 检查情况

智能变电站智能设备网络监测根据信号采集端监测是否收到信息数据来判断信号发出端装置及通道的工作状态。通过异常信号及1号主变110kV侧GOOSE网络数据流（图6－39）可初步判断为1号主变110kV侧系统智能设备或GOOSE光纤通道故障。分别对4个主要异常信号进行分析。

（1）110kV母线TV P11测控装置GOOSE接收总状态异常。根据智能变电站智能设备网络监测原理，由图6－39可知，110kV母线TV P11测控装置通过组网的方式接收1号主变110kV侧103间隔综合智能单元A的母线隔离开关位置，因此分析1号主变110kV侧103间隔综合智能单元A故障、GOOSE A网交换机故障、GOOSE A网交换机到110kV母线TV P11测控装置之间光纤故障、1号主变110kV侧103间隔综合智能单元A到GOOSE A网交换机之间光纤故障均会发出110kV母线TV P11测控装置GOOSE接收总状态异常信号。

（2）1号主变220kV侧测控装置GOOSE接收总状态异常。由图6－39可知，1号主变220kV侧测控装置通过组网方式接收1号主变110kV侧103间隔综合智能单元A发出的母线隔离开关位置，因此分析1号主变110kV侧103间隔综合智能单元A故障、GOOSE A交换机故障、GOOSE A交换机到1号主变220kV侧201测控装置之间光纤故障、1号主变110kV侧103间隔综合智能单元A到GOOSE A交换机之间光纤故障均会发出1号主变220kV侧测控装置GOOSE接收总状态异常信号。

（3）1号主变110kV侧测控装置GOOSE接收总状态异常。由图6－39可知，1号主变110kV侧测控装置通过组网的方式接收1号主变110kV侧103间隔综合智能单元A的隔离开关、断路器的位置、一次设备的监视信号、1号主变110kV侧103间隔综合智能单元A的自检告警信号，因此可分析1号主变110kV侧103间隔综合智能单元A故障、GOOSE A交换机故障、GOOSE A交换机到1号主变110kV侧测控装置之间光纤故障、1号主变110kV侧103间隔综合智能单元A到GOOSE A交换机之间光纤故障均会发出1号主变220kV侧测控装置GOOSE接收总状态异常信号。

（4）110kV母线保护接收1号主变110kV侧103间隔综合智能单元A GOOSE中断。通过图6－39可知，110kV母线保护通过点对点光纤直连的方式接收1号主变110kV侧103间隔综合智能单元A的母线隔离开关位置信号，因此可分析1号主变110kV侧103间隔综合智能单元A故障、1号主变110kV侧103间隔综合智能单元A到110kV母线保护之间的光纤链路故障会发出110kV母线保护接收1号主变110kV侧103间隔综合智能单元A GOOSE中断信号。

通过以上分析可知，若变电站同时发出上述4个异常信号，可判断只可能为1号主变110kV侧103间隔综合智能单元A故障引起；由于1号主变110kV侧103间隔综合智能单元A为MU与智能终端一体化装置，整个异常过程中并无SV断链信号，且检查110kV母线保护差流、变压器保护差流、相关遥测值均正常，因此判断本次故障为：1号主变中压侧103开关综合智能单元A的智能终端插件故障。

3. 处理结果

停用1号主变A套保护，停用110kV母线保护，停用1号主变110kV侧103间隔综合智能单元A遥控、跳闸出口硬压板，停用1号主变110kV侧103间隔综合智能单元A并做好安全措施，办理工作票开工，进行故障处理。由于1号主变110kV侧103间隔综合智能单元A智能终端插件软件故障，造成综合智能单元智能终端插件死机，使得断路器智能终端功能丧失。现场需采用对故障综合智能单元智能终端插件进行程序升级。升级程序后，需对综合智能单元智能终端插件进行重新验收，将1号主变110kV侧103开关停电处理。经现场研究决定，为同时配合检查1号主变其他智能设备，申请将1号主变停电进行了处理，综合智能单元智能终端插件程序升级后重新进行了保护跳闸传动试验，断路器、隔离开关等遥控试验，遥信验收等正确，检查1号主变其他智能组件无异常后将1号主变送电，并恢复正常运行方式。

6.3.4 主变保护二次安全防范措施

6.3.4.1 主变保护典型配置和网络联系

以220kV变电站第一套主变保护为例，其典型配置以及与其他保护装置的网络联系示意图如图6－40所示。

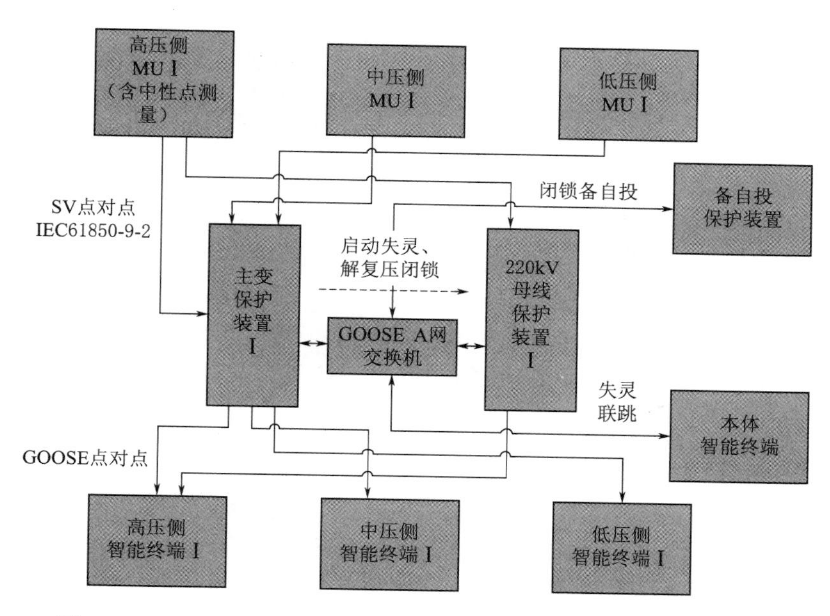

图 6-40　主变保护典型配置及其与其他保护装置的网络联系示意图

6.3.4.2　主变保护二次安全防范措施实施细则

1. 变压器停电情况下主变保护检修校验

(1) 采用电子式互感器。

1) 母线保护退出变压器启动失灵、解除复压闭锁 GOOSE 接收压板。本项安全措施涉及在运行设备上进行，目的在于防止主变保护传动时误启失灵。

2) 主变保护、主变保护各侧智能终端均投入检修硬压板。

3) 主变保护背板 SV 输入光纤取下。

(2) 采用传统互感器。不带 MU 做试验的安全防范措施与采用电子式互感器相同，从 MU 前加量做试验的安全防范措施如下：

1) 母线保护退出变压器高、中压侧 SV 接收压板。本项安全措施涉及在运行设备上进行。

2) 母线保护退出变压器启动失灵、解除复压闭锁 GOOSE 接收压板。本项安全措施涉及在运行设备上进行，目的在于防止主变保护传动时误启失灵。

3) 主变各侧 MU、主变保护、主变各侧智能终端均投入检修硬压板。

4) 主变各侧 MU 端子排将 TA 和 TV 回路打开。

2. 变压器不停电情况下主变保护检修校验

主变保护背板 SV、GOOSE 光纤全部取下。此种情况下只能进行单装置校验；会造成运行母线保护告警，可采取母线保护退出变压器启动失灵、解除复压闭锁 GOOSE 接收压板的方法解除告警，校验完成后注意恢复措施。

3. 变压器停电情况下主变保护处理缺陷

(1) 某侧 MU 缺陷。缺陷 MU 对应的母线保护把本间隔投入软压板退出。涉及在运行设备上进行；中性点 MU 不接入母线，不用采取此项措施。

(2) 主变保护缺陷，需做保护功能试验。主变保护背板 SV、GOOSE 光纤全部取下。会造成对应运行母线保护告警，可采取退出变压器启动失灵、解除复压闭锁 GOOSE 接收压板的方法使告警消失，处理完毕后注意恢复措施；会造成对应智能终端告警。

(3) 某侧智能终端缺陷。缺陷智能终端背板 GOOSE 光纤全部取下。会造成主变保护、母线保护、测控装置告警；中低压侧备自投已自动闭锁退出，不用做安全措施。

4. 变压器不停电情况下变保护处理缺陷

(1) 某侧 MU 缺陷。

1) 缺陷 MU 对应主变保护整体退出。

2) 缺陷 MU 对应母线保护整体退出。中性点 MU 不接入母线，不用采取本项安措。

(2) 主变保护缺陷，需做保护功能试验。主变保护背板 SV、GOOSE 光纤全部取下。会造成对应运行母线保护告警，可采取母线保护退出变压器启动失灵、解除复压闭锁 GOOSE 接收压板的方法使告警消失，处理完毕后注意恢复措施；会造成对应智能终端告警。

(3) 某侧智能终端缺陷。会造成主变保护、母线保护、测控装置告警；中低压侧备自投已自动闭锁退出，不用做安全措施。

1) 缺陷智能终端的保护跳合闸出口硬压板退出。

2) 缺陷智能终端背板 GOOSE 光纤全部取下。

6.3.4.3 实际案例

【案例 6.5】 主变保护差动电流计算偏差存在风险

1. 缺陷现象

2015 年某日，厂家技术人员在对 110kV 某甲智能变电站维护工作过程中发现，该站主变差动保护装置差值较大，不符合正常运行状态。

2. 缺陷检查

经检查，发现 SV 接收采样延时与 MU 发送延时之间存在偏差，因主变差动保护装置需要根据延时计算同一时刻主变各侧的差动电流值，延时配置不准确，则对应的差动电流计算值会出现偏差，偏差较大时甚至可能造成差动保护误动作。

3. 处理结果

对 110kV 某甲变电站，调整主变差动保护装置配置文件中的采集 SV 额定延时配置参数值与 MU 的实际发送值为一致，将差动保护装置的配置下载、修改并重新上传后重启装置，查看采样值正确性并按定值单进行保护传动试验。

6.3.5 线路保护二次安全防范措施

6.3.5.1 220kV 线路保护典型配置和网络联系

以 220kV 线路间隔第一套线路保护为例，其典型配置以及与其他保护装置的网络联系示意图如图 6-41 所示。

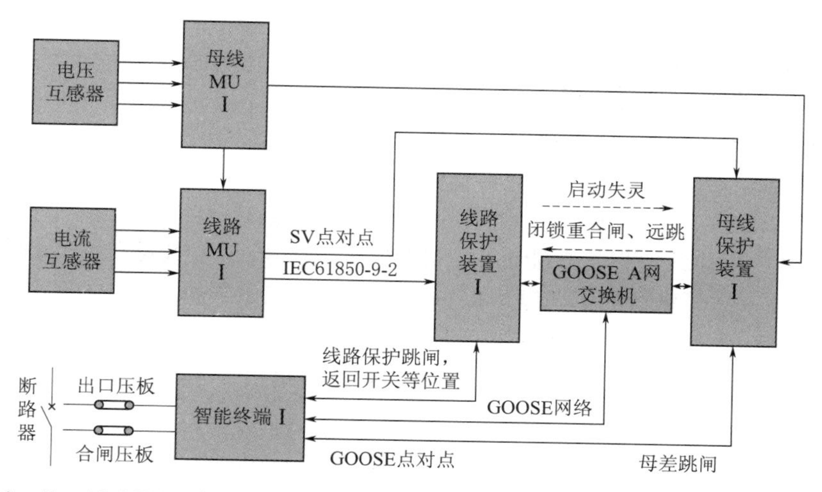

图 6-41 220kV(110kV) 线路保护典型配置及其与其他保护装置的网络联系示意图

6.3.5.2 220kV 线路保护二次安全防范措施实施细则

1. 一次设备停电情况下 220kV 线路保护检修校验

(1) 采用电子式互感器。

1) 母线保护退出 GOOSE 启动失灵接收软压板。本项安全措施涉及在运行设备上进行，目的在于防止线路保护传动时误启失灵。

2) 线路保护及线路保护智能终端均投入检修压板。

3) 线路保护背板 SV 输入光纤取下。

(2) 采用传统互感器。不带 MU 做试验的安全防范措施与采用电子式互感器相同，带 MU 做试验的安全防范措施如下：

1) 母线保护退出本间隔 SV 接收压板。本项安全措施涉及在运行设备上进行。

2) 母线保护退出 GOOSE 启动失灵接收软压板。本项安全措施涉及在运行设备上进行，目的在于防止线路保护传动时误启失灵。

3) MU、线路保护及线路保护智能终端均投入检修压板。

4) 在 MU 端子排将 TA 和 TV 回路打开。本项安全措施可以在 MU 前加量做试验。

(3) 220kV 线路间隔停电检修时失灵传动方法（两套分别传动，以第一套为例）。

1) MU、线路保护、智能终端投检修硬压板。

2) 对应母线保护投检修硬压板。

3) 母线上其他运行间隔第一套智能终端打开跳闸硬压板。本项安全措施优点在于确保其他线路间隔不误跳闸，缺点在于扩大了安全措施范围。

4) 线路保护模拟失灵启动（从 MU 前加量，满足有流判别条件）。

5) 检查母线保护失灵是否动作，母线上运行间隔第一套智能终端是否有跳闸信号。

2. 一次设备不停电情况下 220kV 线路保护检修校验

1) 母线保护退出 GOOSE 启动失灵接收软压板。本项安全措施涉及在运行设备上进行，目的在于防止线路保护传动时误启失灵。

2）线路保护及对应智能终端均投入检修压板。本项措施会造成重合闸功能失去，且上送的遥信量处于检修状态。

3）对应智能终端出口硬压板打开。

4）线路保护背板 SV 输入光纤取下。

3．一次设备停电情况下 220kV 线路保护处理缺陷

（1）MU 缺陷。

1）缺陷 MU 对应线路保护功能退出。本项安全措施在独立线路保护情况下，装置可整体退出，测保一体装置情况下，退出保护功能，主要考虑装置还负责转送隔离开关位置等测控功能，如整体退出，则转送的隔离开关位置失效。

2）缺陷 MU 对应的母线保护把本间隔投入软压板退出。本项安全措施涉及在运行设备上进行。

（2）线路保护装置缺陷。缺陷线路保护背板 SV、GOOSE 光纤全部取下。会造成对应运行母线保护告警，可采取退出母线保护 GOOSE 启动失灵接收软压板的方法使告警消失，处理完毕后注意恢复措施；会造成对应智能终端告警。

（3）智能终端缺陷。缺陷智能终端背板 GOOSE 光纤全部取下。会造成线路保护、母线保护、测控装置告警。

4．一次设备不停电情况下 220kV 线路保护处理缺陷

（1）MU 缺陷。

1）缺陷 MU 对应线路保护功能退出。本项安全措施在独立线路保护情况下，装置可整体退出，测保一体装置情况下，退出保护功能，主要考虑装置还负责转送隔离开关位置等测控功能，如整体退出，则转送的隔离开关位置失效。

2）缺陷 MU 对应母线保护整体退出。本项安全措施涉及在运行设备上做措施。

（2）线路保护装置缺陷。缺陷线路保护背板 SV、GOOSE 光纤取下。会造成对应运行母线保护告警，可采取退出母线保护 GOOSE 启动失灵接收软压板的方法使告警消失，处理完毕后注意恢复措施；会造成对应智能终端告警。

线路保护缺陷时处理过程：投入该线路保护检修压板，重启一次，重启后若异常消失，将装置恢复到正常运行状态；若异常没有消失，保持该装置重启时状态。在不停用一次设备时，二次设备做如下补充安全措施：

1）缺陷处理时。

a. 退出 220kV 第一套母线保护该间隔 GOOSE 启失灵接收软压板。

b. 退出该间隔第一套线路保护内 GOOSE 出口软压板、启失灵软压板。

c. 如有需要可取下线路保护至对侧纵联光纤及线路保护背板光纤。

2）缺陷处理后传动试验时。

a. 退出 220kV 第一套母线保护内运行间隔 GOOSE 出口软压板、失灵联跳软压板，放上 220kV 第一套母线保护检修压板。

b. 退出该间隔第一套智能终端出口硬压板，放上该智能终端检修压板。

c. 如有需要取下线路保护至线路对侧纵联光纤、解开该智能终端至另外一套智能终端闭锁重合闸回路。

d. 本安全措施方案可传动至该间隔智能终端出口，如有必要可停役一次设备做完整的整组传动试验。

（3）智能终端缺陷。

1）缺陷智能终端的保护跳合闸出口硬压板退出。本项会造成线路保护、母线保护、测控装置告警。

2）缺陷智能终端背板 GOOSE 光纤全部取下。本项一套智能终端处理缺陷时，重合闸功能失去。

智能终端缺陷时处理过程：取下出口硬压板，放上装置检修压板，重启一次，重启后若异常消失，将装置恢复到正常运行状态；若异常没有消失，保持该装置重启时状态。在不停用一次设备时，二次设备做如下补充安全措施：

1）缺陷处理时。

a. 退出该间隔第一套线路保护内 GOOSE 出口软压板、启失灵软压板。

b. 投入 220kV 第一套母线保护内该间隔的隔离开关强制软压板。

c. 如有需要解开至另外一套智能终端闭锁重合闸回路。

d. 如有需要可取下智能终端背板光纤。

2）缺陷处理后传动试验时。

a. 退出 220kV 第一套母线保护内运行间隔 GOOSE 出口软压板、失灵联跳软压板，放上该母线保护检修压板。

b. 放上该间隔第一套线路保护检修压板。

c. 如有需要可取下该间隔第一套线路保护至线路对侧纵联光纤、解开该智能终端至另外一套智能终端闭锁重合闸二次回路。

d. 本安全措施方案可传动至该间隔智能终端出口，如有必要可停役一次设备做完整的整组传动试验。

6.3.5.3 110kV 线路保护典型配置和网络联系

110kV 线路保护典型配置以及与其他保护装置的网络联系示意图如图 6-41 所示。

6.3.5.4 110kV 线路保护二次安全防范措施实施细则

1. 一次设备停电情况下 110kV 线路保护检修校验

（1）采用电子式互感器。

1）线路保护及线路保护智能终端均投入检修压板。

2）线路保护背板 SV 输入光纤取下。

（2）采用传统互感器。不带 MU 做试验的安全防范措施与采用电子式互感器相同，带 MU 加量做试验的安全防范措施如下：

1）母线保护退出本间隔 SV 接收压板。

2）MU、线路保护及线路保护智能终端均投入检修压板。

3）在 MU 端子排将 TA 和 TV 做措施。

2. 一次设备停电情况下 110kV 线路保护处理缺陷

（1）MU 缺陷。缺陷 MU 对应的母线保护把本间隔投入软压板退出。本项安全措施涉及在运行设备上进行。

（2）线路保护装置缺陷，需做保护功能试验。缺陷线路保护背板 SV、GOOSE 光纤全部取下。

（3）智能终端缺陷。缺陷智能终端背板 GOOSE 光纤全部取下。会造成线路保护、母线保护、测控装置告警。

6.3.5.5 实际案例

【案例 6.6】 线路保护中启动失灵逻辑的案例

1. 缺陷现象

继电保护人员对某 220kV 线路第一套保护启动失灵回路进行测试，失灵保护动作正确，动作行为符合设计配置，见表 6-1。

表 6-1 220kV 线路第一套保护虚端子配置表

	发送对象-220kV 线路保护屏 I	接受对象-220kV 第一套母线屏
1	A 相启动失灵(串 GO 软压板)	220kV 第一套失灵保护线路 1 失灵开入 A 相
2	B 相启动失灵(串 GO 软压板)	220kV 第一套失灵保护线路 1 失灵开入 B 相
3	C 相启动失灵(串 GO 软压板)	220kV 第一套失灵保护线路 1 失灵开入 C 相

在第一套线路保护模拟永久性故障三跳时，此时保护装置未投入任何 GO 软压板，线路保护正常动作，但是失灵保护收到开关量变位“220kV 第一套失灵线路 1 失灵 ST”由 0 变 1。

2. 检查情况

核查 SCD 配置，发现实际虚端子配置，见表 6-2。

表 6-2 220kV 线路第一套保护虚端子实际配置表

	发送对象-220kV 线路保护屏 I	接受对象-220kV 第一套母线屏
1	A 相启动失灵(串 GO 软压板)	220kV 第一套失灵保护线路 1 失灵开入 A 相
2	B 相启动失灵(串 GO 软压板)	220kV 第一套失灵保护线路 1 失灵开入 B 相
3	C 相启动失灵(串 GO 软压板)	220kV 第一套失灵保护线路 1 失灵开入 C 相
4	保护三跳(无 GO 软压板)	220kV 第一套失灵保护线路 1 失灵 ST

可以看出，表 6-2 中第 4 行“220kV 第一套失灵线路 1 失灵 ST”发生了错误，不符合设计配置，另该装置“保护三跳”回路没有经过 GO 软压板去启动“220kV 第一套失灵线路 1 失灵 ST”开入，不符合反事故措施等相关规程规定要求，导致线路保护启动失灵回路在保护装置处无压板把关，在定期检验或装置调试期间容易误启动失灵，造成严重安全隐患。

3. 处理结果

220kV 线路均为分相跳闸，三跳启动失灵回路可以不配置，即表 6-2 中第 4 行“220kV 第一套失灵线路 1 失灵 ST”可以不配置。

【案例 6.7】 线路保护中信息关联的案例

1. 缺陷现象

如图 6-42 所示，220kV 某变运行人员拉开宾塘 2Q20 线开关后监控报宾塘 2Q20 线第二套保护 A 相跳闸出口、宾塘 2Q20 线第二套保护 B 相跳闸出口、宾塘 2Q20 线第二套保护 C 相跳闸出口信号，现场检查后台无该信号，保护装置也无跳闸信号，该信号为误发信号。

图 6-42　监控误发信

2. 检查情况

现场检查 220kV 某变远动配置发现，宾塘 2Q20 线分相跳闸出口信号错误关联成开关位置信号，如图 6-43 所示。厂家更换远动配置后，如图 6-44 所示，信号恢复正常。

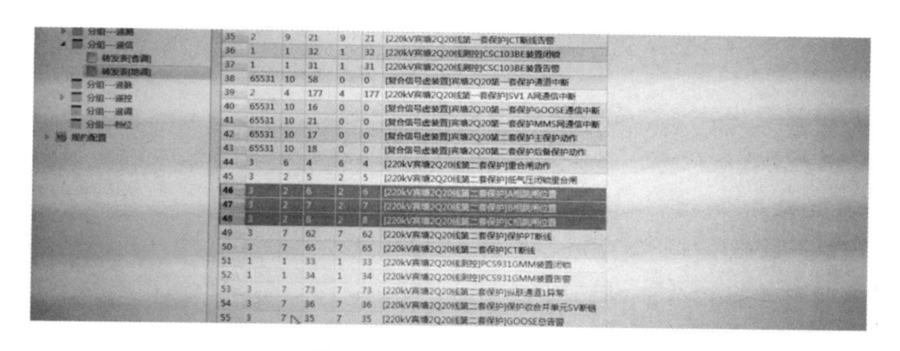

图 6-43　更改前远动配置

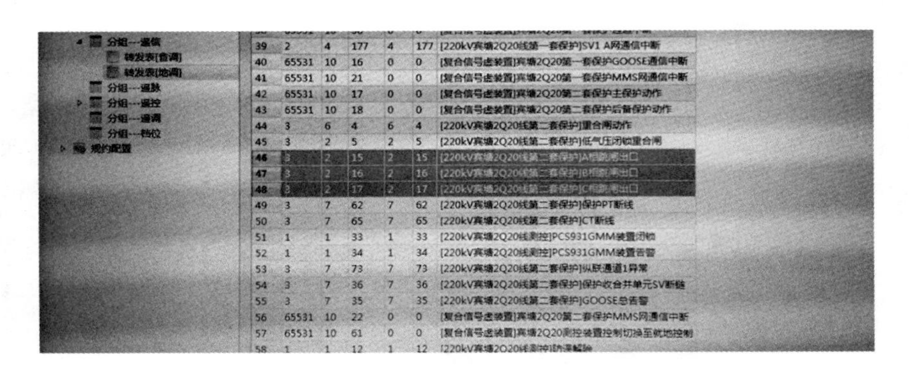

39	2	4	177	4	177	[220kV宾塘2Q20线第一套保护]SV1 A网通信中断
40	65531	10	16	0	0	[复合信号虚装置]宾塘2Q20第一套保护GOOSE通信中断
41	65531	10	21	0	0	[复合信号虚装置]宾塘2Q20第一套保护MMS网通信中断
42	65531	10	17	0	0	[复合信号虚装置]宾塘2Q20第二套保护主保护动作
43	65531	10	18	0	0	[复合信号虚装置]宾塘2Q20第二套保护后备保护动作
44	3	6	4	6	4	[220kV宾塘2Q20线第二套保护]重合闸动作
45	3	2	5	2	5	[220kV宾塘2Q20线第二套保护]低气压闭锁重合闸
46	3	2	15	2	15	[220kV宾塘2Q20线第二套保护]A相跳闸出口
47	3	2	16	2	16	[220kV宾塘2Q20线第二套保护]B相跳闸出口
48	3	2	17	2	17	[220kV宾塘2Q20线第二套保护]C相跳闸出口
49	3	7	62	7	62	[220kV宾塘2Q20线第二套保护]保护PT断线
50	3	7	65	7	65	[220kV宾塘2Q20线第二套保护]CT断线
51	1	1	33	1	33	[220kV宾塘2Q20线测控]PCS931GMM装置闭锁
52	1	1	34	1	34	[220kV宾塘2Q20线测控]PCS931GMM装置告警
53	3	7	73	7	73	[220kV宾塘2Q20线第二套保护]纵联通道1异常
54	3	7	36	7	36	[220kV宾塘2Q20线第二套保护]保护收合并单元SV断链
55	3	7	35	7	35	[220kV宾塘2Q20线第二套保护]GOOSE总告警
56	65531	10	22	0	0	[复合信号虚装置]宾塘2Q20第二套保护MMS网通信中断
57	65531	10	61	0	0	[复合信号虚装置]宾塘2Q20测控装置控制切换至就地控制
58	1	1	12	1	12	[illegible]

图 6-44　更换后远动配置

6.3.6　220kV 母联保护二次安全防范措施

6.3.6.1　220kV 联保护典型配置和网络联系

以 220kV 母联间隔第一套母联保护为例，其典型配置以及与其他保护装置的网络联系示意图如图 6-45 所示。

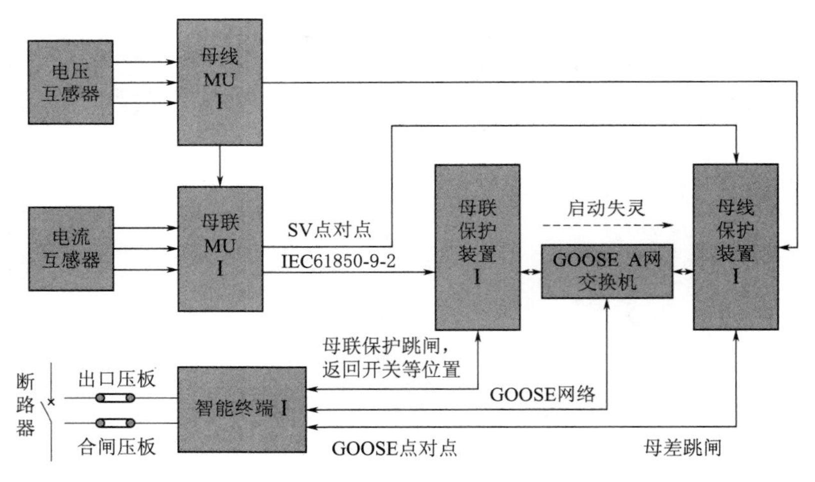

图 6-45　220kV 母联保护典型配置及其与其他保护装置的网络联系示意图

6.3.6.2　220kV 联保护二次安全防范措施实施细则

1. 母联开关在检修位置时母联保护检修校验

（1）采用子式互感器。

1）母联保护及母联保护智能终端均投入检修压板。

2）母线保护退出 GOOSE 启动失灵接收软压板。本项安全措施涉及在运行设备上进行，目的在于防止母联保护传动时误启失灵。

3）母联保护背板 SV 输入光纤取下。

（2）采用传统互感器。不带 MU 做试验的安全防范措施与采用电子式互感器相同，带 MU 加量做试验安全防范措施如下：

1）母线保护退出本间隔 SV 接收压板。本项安全措施涉及在运行设备上进行。

2）母线保护退出 GOOSE 启动失灵接收软压板。本项安全措施涉及在运行设备上进行，目的在于防止母联保护传动时误启失灵。

3）MU、母联保护及母联保护智能终端均投入检修压板。

4）在 MU 端子排将 TA 和 TV 回路打开。

2. 母联开关在运行位置时母联保护处理缺陷

（1）MU 缺陷。

1）缺陷 MU 对应母联保护功能退出。

2）缺陷 MU 对应母线保护整体退出。

（2）母联保护装置缺陷，需做保护功能试验。缺陷母联保护背板 SV、GOOSE 光纤取下。对应运行母线保护告警，可采取母线保护退出母联 GOOSE 启动失灵接收软压板的方法使告警消失，处理完毕后注意恢复措施；对应智能终端告警不必采取措施。

（3）智能终端缺陷。会造成对应运行母线保护告警。

1）缺陷智能终端的保护跳合闸出口硬压板退出。

2）缺陷智能终端背板 GOOSE 光纤全部取下。

6.3.6.3 实际案例

【案例 6.8】

1. 缺陷现象

二次工作人员协同厂家技术人员对某智能变电站 220kV 母联保护启动失灵回路进行测试，相关设备基本配置情况见表 6－3～表 6－5。

表 6－3　220kV 母联第一套保护虚端子配置表

数据引用名	数据描述	设计描述	接收对象	开入量
PI/PTRC2. Tr. general	充电过流跳闸 2	220kV 母联Ⅰ启动失灵	220kV 母线保护 1	开入 1

表 6－4　220kV 母联第一套保护开入量配置表

开入量	名称	开入量	名称
开入 1	母联失灵启动	开入 4	母联失灵启动 TC
开入 2	母联失灵启动 TA	开入 5	母联失灵启动 ST
开入 3	母联失灵启动 TB		

表 6－5　改进后的 220kV 母联第一套保护启动失灵虚端子配置表

数据引用名	数据描述	设计描述	接收对象	开入量
PI/PTRC2. Tr. general	充电过流跳闸 2	220kV 母联Ⅰ启动失灵	220kV 母线保护 1	开入 5

对 220kV 母联保护Ⅰ屏进行开出测试，进行充电过流跳闸 2（母联启动失灵）开出，

220kV 母差Ⅰ屏装置显示表 6-5 中开入 1 母联失灵启动变位，但表 6-5 中开入 2 母联失灵启动 TA、开入 3 母联失灵启动 TB、开入 4 母联失灵启动 TC、开入 5 母联失灵启动 ST 均未变位，符合虚端子设计逻辑。220kV 母联保护装置说明书回路逻辑如下：当失灵开入有效，失灵电流元件和失灵电压元件均开放时，①经失灵保护 1 时限延时后失灵条件仍满足，则失灵保护跳开母联、分段断路器；②经失灵保护 2 时限延时后失灵条件仍满足，则失灵保护跳开与失灵支路处于同一母线上的所有支路断路器。对 220kV 母联启动失灵回路进行测试：①投入 220kV 母联保护屏 GOOSE 软压板，充电过流跳闸 2（母联启动失灵）；②投入 220kV 母差失灵保护Ⅰ屏功能软压板失灵保护功能软压板，220kV 母联 MU 投入软压板；③加入动作电流使 220kV 母联充电保护动作，充电过流跳闸 2 出口，220kV 母差Ⅰ屏接收到开入变位母联失灵启动。同时加入上述逻辑中三相启动失灵动作电流，满足电压开放条件，装置没有动作。母联保护启动失灵回路功能无法实现。

2. 检查情况

由厂家原理图可知，开入 2～5 均为保护逻辑中的启动失灵开入接点，而开入 1 不是保护逻辑中的启动失灵开入接点。

3. 处理结果

此对母联失灵虚端子回路进行设计更改：将 220kV 母联保护Ⅰ屏充电过流跳闸 2 虚端子连接至开入 5 母联启动失灵 ST，经验证可实现 220kV 母联启动失灵回路功能。

6.3.7 母线保护二次安全防范措施

6.3.7.1 220kV 母线保护典型配置和网络联系

以 220kV 母线间隔第一套母线保护为例，其典型配置以及与其他保护装置的网络联系示意图如图 6-46 所示。

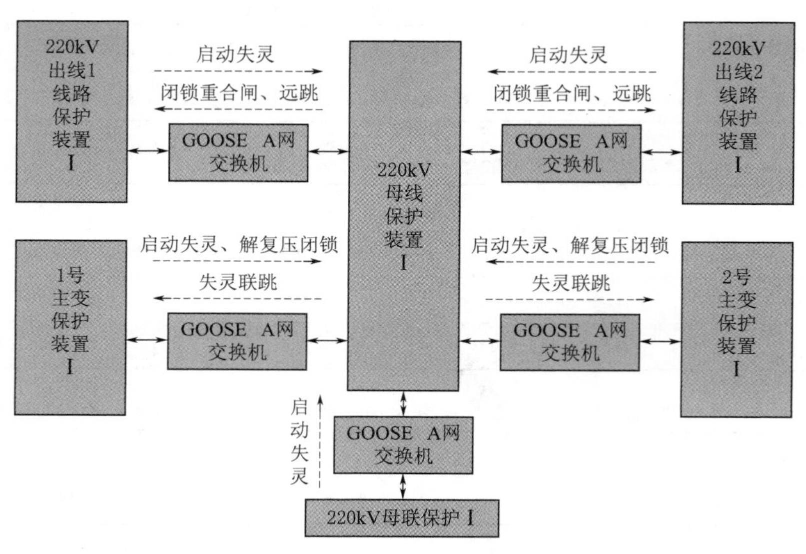

图 6-46 220kV 母线保护典型配置及其与其他保护装置的网络联系示意图

6.3.7.2 220kV母线保护二次安全防范措施实施细则

1. 一次设备不停电情况下220kV母线保护检修校验

(1) 母线保护投入检修压板。

(2) 退出母线保护所有运行间隔的GOOSE发送软压板，包括母联GOOSE发送、主变GOOSE发送、线路GOOSE发送、对应主变失灵联跳、Ⅰ母线动出口、Ⅱ母线动出口等软压板。本项安全措施会导致母线保护跳各间隔以及与线路保护、变压器保护间的联跳、联闭锁逻辑无法验证，建议不做这条措施。

(3) 对应主变退失灵联跳GOOSE接收软压板。本项安全措施涉及在运行设备上做措施；按"六统一"要求，线路保护不设GOOSE接收压板，因此没有对应本条的项目。

(4) 仅将需要的母线保护背板SV输入光纤取下，其余间隔SV接收压板退出。

2. 一次设备不停电情况下220kV母线保护处理缺陷

只考虑母线保护缺陷，需做保护功能试验的情况。将母线保护背板所有SV、GOOSE光纤取下。会造成接收母线GOOSE信息的间隔保护（包括线路、母联、主变等）告警。

6.3.7.3 110kV母线保护典型配置和网络联系

110kV母线保护典型配置以及与其他保护装置的网络联系示意图如图6-47所示。

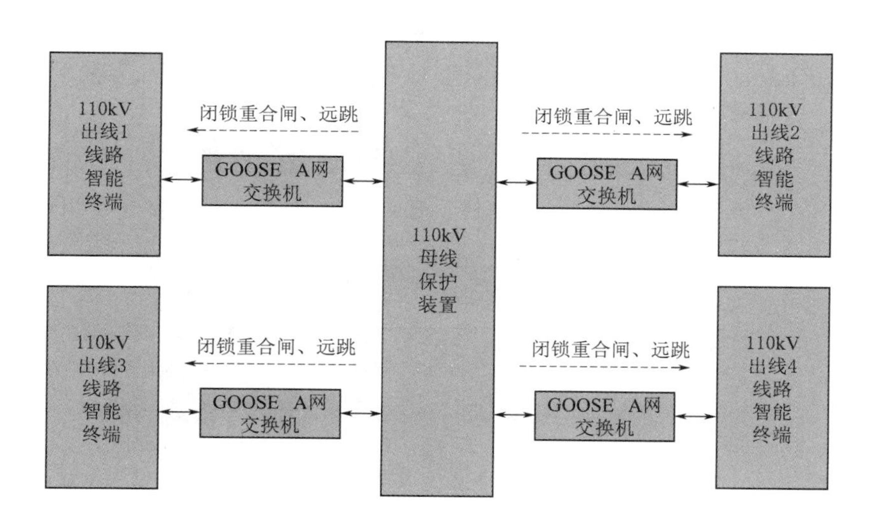

图6-47 110kV母线保护典型配置及其与其他保护装置的网络联系示意图

6.3.7.4 110kV母线保护二次安全防范措施实施细则

1. 一次设备不停电情况下110kV母线保护检修校验

1) 母线保护投入检修压板。

2) 退出母线保护所有运行间隔的GOOSE发送软压板，包括母联GOOSE发送、主变GOOSE发送、线路GOOSE发送、Ⅰ母线动出口、Ⅱ母线动出口等软压板。本项安全措施会导致母线保护跳各间隔以及与线路保护、变压器保护间的联闭锁逻辑无法验证，建议不做这条措施。

3）进行母线保护加量试验时，仅将需要的母线保护背板 SV 输入光纤取下，其余间隔 SV 接收压板退出。

2. 一次设备不停电情况下 110kV 母线保护处理缺陷

将母线保护背板所有 SV、GOOSE 光纤取下。会造成接收母线 GOOSE 信息的 110kV 线路智能终端告警。

6.3.8 110kV 备自投装置二次安全防范措施

6.3.8.1 备自投装置典型配置和网络联系

以 110kV 备自投装置为例，其典型配置以及与其他保护装置的网络联系示意图如图 6-48所示。

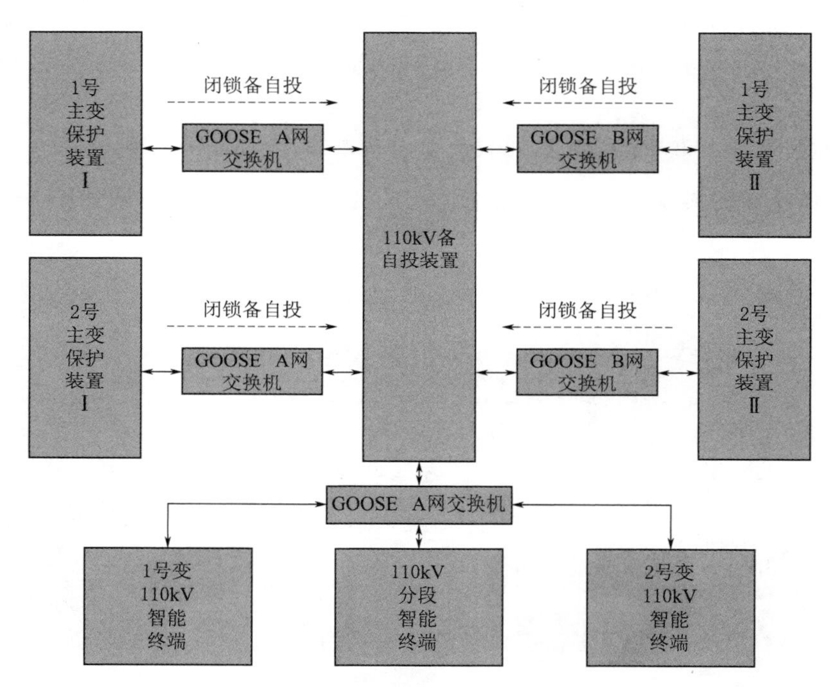

图 6-48 110kV 备自投装置典型配置及其与其他保护装置的网络联系示意图

6.3.8.2 备自投装置二次安全防范措施实施细则

1. 一次设备部分停电情况下（一台变压器和分段开关停电，另一台变压器运行）备自投装置检修校验

（1）采用电子式互感器。

1）备自投装置及智能终端、主变受总对应的智能终端均投入检修压板。

2）备自投装置背板 SV 输入光纤取下。

35kV 备自投不配置智能终端，参照执行。

(2) 采用传统互感器。不带 MU 做试验的安全防范措施与采用电子式互感器相同，带 MU 加量做实验的安全防范措施如下：

1) 110kV 母线保护退出主变 110kV 开关、分段间隔投入压板。

2) 主变保护、主变 110kV 开关 MU 及智能终端、备自投装置、备自投 MU 及智能终端均投入检修压板。

3) 在 MU 端子排将 TA 和 TV 回路打开。

35kV 备自投不配置智能终端，参照执行。

2. 一次设备不停电（二台变压器运行，分段开关停用）情况下备自投装置检修校验

1) 备自投装置背板 SV、GOOSE 光纤全部取下（至分段开关智能终端除外）。

2) 传动主变后备过流保护闭锁备自投时，将备自投装置背板 GOOSE 组网光纤恢复，两套主变保护分别投检修压板，备自投装置投检修压板。

3. 备自投装置处理缺陷

(1) 分段开关 MU 缺陷。缺陷 MU 对应的母线保护退出本间隔投入软压板。防止母线保护闭锁、告警，不影响母线保护运行。

(2) 备自投装置缺陷。一次设备部分停电情况下（一台变压器和分段开关停电，另一台变压器运行），需做功能试验的安全防范措施与一次设备部分停电相同；一次设备不停电（二台变压器运行，分段开关停用）情况下，需做功能试验的安全防范措施与一次设备不停电相同。

(3) 分段开关智能终端缺陷。一次设备不停电（二台变压器运行，分段开关停用）情况下：

1) 缺陷智能终端背板 GOOSE 光纤全部取下。

2) 备自投装置投检修压板。

6.3.8.3 实际案例

【案例 6.9】

1. 缺陷现象

110kV 某 1505 线备自投跳某 1260 线开关，GOOSE 链路中采用三跳，实际试验发现该 GOOSE 链路跳闸方式接法无法实现备自投动作闭锁某 1260 线重合闸功能，日常运行存在重大安全隐患。

2. 原因分析

该 GOOSE 链路采用的出口跳闸方式是“三跳_直跳”方式，该方式仅能正确跳开望宅 1260 线开关，但不会附加其他开入信号，正确应当采用“永跳_直跳”方式，该方式在跳开开关的同时还会发出闭锁重合闸信号，防止线路在母线有故障时开关重合闸动作于故障。

3. 整改措施

某 1260 线开关及某 1505 备自投检修时，修改某 1260 线智能终端相应配置文件，“三跳_直跳”方式改为“永跳_直跳”方式，下装配置并进行相关试验，确保备自投动作能闭锁某 1260 线重合闸。智能终端配置文件修改前、后如图 6-49 和

图 6 -50 所示。

9-跳1DL开关	[IT1102A]二号主变110kV第一套智能终端	RPIT/GOINGGIO453. SPCSO. stVal	三跳_组网
10-跳1DL备用开出1	[IF1101]110kV母分智能终端	RPIT/GOINGGIO485. SPCSO. stVal	三跳_直跳（网口5）
11-备用			
12-合2DL开关	[IL1103] 1505线智能终端	RPIT/GOINGGIO469. SPCSO. stVal	遥合_组网（备用）
13-跳2DL开关			
14-跳1DL备用开出2	[IL1104] 1260线智能终端	RPIT/GOINGGIO485. SPCSO. stVal	三跳_直跳（网口5）

图 6 - 49 智能终端配置文件修改前

9-跳1DL开关	[IT1102A]二号主变110kV第一套智能终端	RPIT/GOINGGIO453. SPCSO. stVal	永跳_直跳（网口4）
10-跳1DL备用开出1	[IF1101]110kV母分智能终端	RPIT/GOINGGIO485. SPCSO. stVal	三跳_直跳（网口5）
11-备用			
12-合2DL开关	[IL1103] 1505线智能终端	RPIT/GOINGGIO469. SPCSO. stVal	合闸（重合)_直跳(网口4)
13-跳2DL开关			
14-跳1DL备用开出2	[IL1104] 1260线智能终端	RPIT/GOINGGIO485. SPCSO. stVal	永跳_直跳（网口5）

图 6 - 50 智能终端配置文件修改后

参 考 文 献

[1] 王梅义，吴竞昌，蒙定中．大电网系统技术［M］．北京：中国电力出版社，1995.
[2] 电力二次系统安全防护规定［S］．北京：中国电力出版社，2005.
[3] 本书编委会．电网员工现场作业安全管控：二次设备检修［M］．北京：中国电力出版社，2017.
[4] 朱声石．高压电网继电保护原理与技术［M］．北京：中国电力出版社，2014.
[5] 黄少锋．电力系统继电保护［M］．北京：中国电力出版社，2015.
[6] 谢珍贵，许建安．继电保护整定实例与调试［M］．北京：机械工业出版社，2014.
[7] 陈根永．电力系统继电保护整定计算原理与算例［M］．北京：化学工业出版社，2013.
[8] 李先彬．电力系统自动化［M］．北京：中国电力出版社，2014.
[9] 王士政．电力系统控制与调度自动化［M］．北京：中国电力出版社，2016.
[10] 毛永明．电力系统自动化与继电保护技术实验教程［M］．北京：中国电力出版社，2014.
[11] 张利峰，王莉莉．计算机网络基础［M］．北京：中国铁道出版社，2018.
[12] 国家电力调度控制中心．电力监控系统网络安全防护培训教材［M］．北京：中国电力出版社，2017.
[13] GB/T 36572—2018 电力监控系统网络安全防护导则［S］．北京：中国标准出版社，2018.
[14] 陈家斌，张露江．继电保护、二次回路、电源故障处理方法及典型实例［M］．北京：中国电力出版社，2012.
[15] 吴铁护，吴铁群，黄国平．电力系统二次回路运行与维护［M］．广州：华南理工大学出版社，2014.
[16] 陈庆．智能变电站二次设备运维检修知识［M］．北京：中国电力出版社，2017.
[17] 陈庆．智能变电站二次设备运维检修实务［M］．北京：中国电力出版社，2017.
[18] 张丰．智能变电站设备运行异常及事故案例［M］．北京：中国电力出版社，2017.
[19] 宋庭会．智能变电站继电保护现场调试技术［M］．北京：中国电力出版社，2015.